# 3D Printing

## 3D Design/Makerbot

## Design/Makerbot을 활용한

# 3D 프린팅

이혁준 저

예제 소스 제공
www.webhard.co.kr
(ID kkw114 / PW 1234)

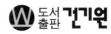 도서
출판 건기원

# 머리말

    서점이나 도서관에 가 보면 이미 Autodesk 123D Design 및 3D 프린팅과 관련된 수많은 서적이 출시되어 있습니다. 물론 필자의 저서뿐만 아니라 대부분 출시되어 있는 서적을 살펴보면 다양한 예제와 더불어 상세한 설명으로 잘 구성되어 있습니다. 그러나 학교에서의 강의 그리고 다양한 특강을 진행하다 보면 처음으로 3D 모델링 및 3D 프린팅을 접하는 학생들에게 너무 어려운 모델링이나 특정 부분에서 설명을 간과할 경우 상당한 어려움을 느낄 뿐만 아니라 이로 인해 스스로 포기하는 경우를 많이 경험하였습니다.

    이에 따라 본서에서는 지금까지 강의하고 집필한 노하우를 바탕으로 어린 학생부터 처음 3D 모델링, 3D 프린팅을 접하는 초보자를 대상으로 집필하였습니다. 책의 내용은 Autodesk 123D Design을 이용한 3D 모델링과 더불어 전 세계적으로 가장 많이 보급되어 있는 보급형 FDM 방식의 3D 프린터인 Stratasys의 Makerbot을 이용한 3D 프린팅을 목적으로 집필하게 되었으며, 누구나 쉽게 3D 프린터를 이용한 메이커(Maker)가 될 수 있도록 집필하였습니다.

    끝으로 이 책을 바탕으로 3D 모델링, 3D 프린팅을 통해 완성도 높은 출력 결과물을 만들어 보시기 바라며, 책이 출간되기까지 많은 도움을 주신 도서출판 건기원 노형두 사장님 이하 직원분들, 그리고 교정 작업을 도와준 김다은, 이주현 학생에게 감사의 말을 전합니다.

2017. 2.

저자 씀

C · O · N · T · E · N · T · S

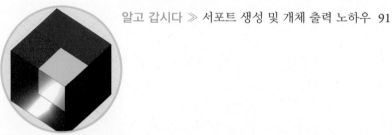

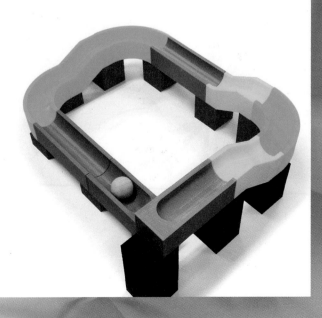

# 3D 프린팅의 이해

# 3D 프린터

기본적으로 3D라는 용어는 3차원(3Dimension)의 약어로 입체를 의미하며, 3D 프린터는 기존의 2D 프린터와 달리 입체적인 물체를 적층하여 프린팅 해 주는 기기라고 할 수 있습니다. 과거에는 3D 프린팅 기술을 쾌속 조형(Rapid Prototyping Manufacturing), 직접 디지털 제조(DDM, Direct Digital Manufacturing) 또는 적층 가공(AM, Additive Manufacturing) 기술로도 언급되었지만, 이제는 대부분 3D 프린팅이라고 언급하고 있습니다.

[산업용 FDM 방식의 3D 프린터 제품군]

현재 우리가 일반적으로 사용하고 있는 프린터는 종이에 미세한 잉크를 분사한 뒤 건조하는 방식의 2차원적인 인쇄 방식을 이용하여 결과를 만들어 내지만 3D 프린터는 미세한 재료를 적층하여 3차원 결과물로 인쇄하는 방식이며, 2D와 3D 프린터의 차이점은 바로 Z축에 있습니다. 다시 말하면, Z축까지 출력하여 입체 형상을 만드는 장비가 바로 3D 프린터입니다.

[산업용 폴리젯(PolyJet) 방식의 3D 프린터 제품군]

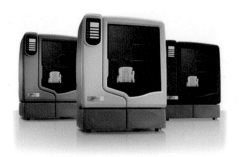

[중 · 저가 FDM 방식의 3D 프린터]

3D 프린터의 가장 큰 장점이라고 하면 복잡한 형상의 물체라도 한 번에 출력할 수 있고 정확한 치수에 의한 결과물을 출력하여 조립, 완성 가능하다는 것입니다. 이러한 장점으로 인해 3D 프린터는 단순한 기계 부품 생산을 넘어서 의료, 식품, 패션, 건설에 이르기까지 활용 범위를 넓힐 수 있을 것으로 예상됩니다. 다시 말해, 3D 프린터는 원하는 제품의 설계도와 3D 모델링 데이터만 있다면 별도의 복잡한 생산 라인이 필요 없이 바로 생산이 가능하다는 의미입니다.

아직까지 정교한 출력 및 일정 수준의 결과를 출력하기 위해서는 고가의 3D 프린터를 사용해야 합니다. 다만, 몇몇 3D 프린터 제작 방식의 특허권이 만료되면서, 사용 기술이 공개되고 누구나 마음만 먹으면 많은 돈을 들이지 않고도 비교적 저렴한 가격으로 3D 프린터를 만들거나 제품화되고 있기 때문에 생각보다 빠르게 3D 프린터가 보급될 가능성도 있어 보입니다.

⟨이미지 제공: Stratasys Kore⟩

[보급형 FDM 방식의 3D 프린터]

# SECTION 2   3D 프린터의 역사

3D 프린터의 역사는 그리 오래되지 않았습니다. 이미 3D 프린팅 기술은 1980년대부터 시작되었고, 1984년 미국의 발명가 '찰스 헐'이 3D를 최초로 개발하였습니다. 처음에는 광폴리머 재료를 굳혀 3D 객체를 출력하는 방식으로 개발되었습니다. 이후 1986년 '찰스 헐'은 3D 시스템즈라는 회사를 설립하였으며, 이 회사는 스트라타시스와 함께 세계적으로 유명한 3D 프린터 회사가 되었습니다.

이후 미국뿐만 아니라 캐나다, 이스라엘, 독일 등에 3D 프린터 회사들이 생겨났고, 국내에서도 여러 업체가 3D 프린터를 생산하고 있습니다. 사실 3D 프린터가 많이 알려지고 보급되기 시작한 것은 FDM(Fused Deposition Modeling) 방식의 특허가 만료가 되면서 이 기술을 기반으로 다양한 보급형 3D 프린터들이 만들어지고 낮은 가격으로 보급되면서부터입니다.

[아드리안 보이어 교수]

특히 2005년에는 영국 바스 대학(University of Bath) 아드리안 보이어(Adrian Bowyer) 교수가 누구나 사용할 수 있는 RepRep 프로젝트를 시작하면서 오픈소스를 기반으로 한 FDM(FFF) 방식의 3D 프린터(멘델 방식)를 개발하여 보급하였습니다.

> 많은 분들께서 3D 프린터만 있으면 무엇이든 만들 수 있을 것이라고 생각합니다. 그러나 일반적인 프린터와 같이 3D 프린터도 단순히 3차원 물체를 출력할 수 있는 기계일 뿐이며, 반드시 3D 출력을 위한 3D 모델링 기술을 익히는 것이 우선이라 할 수 있습니다.

## SECTION 3 — 3D 프린터의 종류

우리가 최근 다양한 매체를 통해 접하고 있는 대부분의 3D 프린터는 플라스틱 재료를 조금씩 녹여가면서 한 층씩 쌓아 올리는 방법으로 출력하는 장비입니다. 이러한 3D 프린터에도 여러 방식이 있지만, 결론적으로 주어진 재료를 얇은 두께의 층(Layer)으로 쌓아 올려 결과물을 만든다는 점은 거의 같다고 볼 수 있습니다. 다만 3D 프린터의 종류를 구분한다면 여러 방식으로 구분할 수 있지만, 재료에 따른 방법이 가장 일반적일 것입니다.

① FDM(FFF, Fused Deposition Modeling) 방식

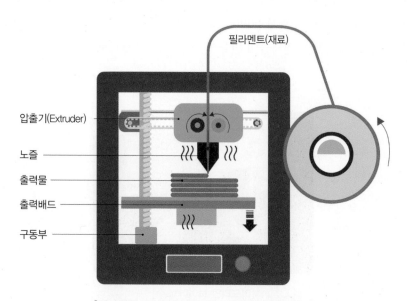

[일반적인 FDM 방식의 3D 프린터의 구동 원리]

FDM 방식이란 Fused Deposition Modeling의 약자로, 필라멘트 형태의 열가소성 물질을 노즐 안에서 녹여 조금씩 쌓아 올리며 상온에서 굳히는 방식입니다. 노즐에서 녹여서 밀어내는 속도와 힘에 의해 층(Layer)의 두께와 해상도가 결정됩니다. 이러한 프린터는 출력물의 강도가 강하고 습도에 강해 내구성이 뛰어나다는 장점이 있지만, 표면이 거칠고 제작 속도가 다른 방식에 비해 느리다는 단점도 있습니다. 일반적으로 접하는 대부분의 3D 프린터가 FDM 방식이며, 오픈소스를 이용하기 때문에 가격이 저렴하다는 것도 장점으로 들 수 있습니다.

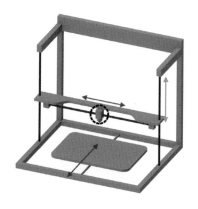

[멘델 방식의 FDM 3D프린터]                    [델타 방식의 FDM 3D프린터]

② SLS(Selective Laser Sintering) 방식

SLS은 Selective Laser Sintering의 약자로 작은 분말 형태의 플라스틱, 금속, 유리 등의 재료 분말을 레이저로 녹인 뒤, 응고시키면서 한 층씩 쌓아 입체적으로 조형하는 방식입니다. 레이저로 응고시킨 뒤, 표면에 묻은 분말 덩어리를 잘 털어내면 응고된 부분이 남아 디자인한 원형의 조형물만 남게 됩니다. 분말이 덩어리째로 존재하기에 SLA 방식과 같이 별도의 지지대(Support)가 필요하지 않으며, 속도가 빠르고 사용하는 재료가 매우 광범위하기 때문에 재료의 한계성이 있는 3D 프린터의 단점을 보완할 수 있다는 큰 장점이 있습니다. 다만 분말 형태의 재료의 크기에 따라 제품의 생산 가능 크기가 제한되고 가격이 다른 방식에 비해 매우 비싸 일반 사용자들이 사용하기에는 큰 무리가 있다는 단점이 있기도 합니다. 대부분의 금속 3D 프린터가 SLS 방식으로 사용하고 있다는 점도 특징입니다.

[SLS(분말소결 조형) 방식의 3D프린터]

③ SLA(Stereolithography) 방식

[SLA(광경화 조형) 방식의 3D프린터]

SLA은 Stereolithography의 약자로, 광경화성 액체 수지가 담긴 수조에 레이저를 투사하여 레이저가 닿는 부분을 굳히며 쌓는 방식입니다. SLA 방식의 장점은 정밀도가 높아 표면을 매끄럽고 정교하게 만들 수 있어 대부분의 디테일이 중요한 미세한 형상 작업에서 사용됩니다. 하지만 제작 특성상 내구성과 내열성이 약하고 제작 단가가 다른 방식의 프린터에 비해 비싸다는 단점이 있습니다.

④ LOM(Laminated Object Manufacturing) 방식

LOM은 Laminated Object Manufacturing의 약자로, 적층물 제조 방식이라 할 수 있습니다. 여러 재료 중에서 디자인한 모델의 단면 모양대로 잘려진 점착성 종이, 플라스틱, 금속판 등을 접착한 채로 적층시키는 조형 방식으로 최근에는 일반적으로 사용되는 A4용지를 재료를 한 층씩 적층하여 출력되는 3D 프린터도 출시되어 있습니다.

[LOM(종이 적층) 방식의 3D 프린터]

⑤ 폴리젯(Polyjet) 방식

　폴리젯(Polyjet) 방식의 3D 프린터는 광경화성 액체 수지인 레진(Resin)을 분사한 뒤, UV 램프를 이용하여 경화시킨 후 다시 한 층씩 적층하는 방식의 3D 프린터입니다. 출력 후 발생되는 결과물의 서포트(Support)는 대부분 수압(Water Jet)을 사용하여 제거하며, 매우 정교한 출력물을 얻을 수 있습니다.

[폴리젯(Polyjet) 방식의 3D 프린터]

SECTION 4

# 제조 혁신과 3D 프린팅

현재 일반적인 산업에서 대량 생산을 목적으로 하는 제조업의 생산 과정은 디자인 및 설계를 시작으로 시제품, 즉 목업이라는 과정을 거친 뒤 대량 생산용 제조 원형을 제작하게 됩니다. 그러나 원하는 형태와 기능이 설계 내용과 일치하지 않을 경우 계속해서 수정이 이루어지며, 여기에 필요한 제조 원형 또는 금형 작업에 대단히 많은 노력, 예산 그리고 시간을 소요하게 됩니다. 아래는 이러한 과정을 이해하기 쉽게 표현한 그림입니다.

[기존의 제품 생산 방식]

그러나 3D 프린터가 정밀해 지면서 대중화되고, 가격이 저렴한 산업 환경이 조성된다면 시제품, 금형 제작에 3D 프린터가 활용될 수 있으며, 시행착오에 비용과 시간이 상당히 줄 것으로 예상됩니다.

[미래(3D 프린팅을 이용한)의 제품 생산 방식]

# 123D Design의
# 설치와
# 메뉴 구성

# Autodesk의 123D Design의 설치

**1** 가장 먼저 3D 모델링 작업을 진행하기 위한 소프트웨어로 오토데스크 사에서 제공하는 무료 3D 모델링 툴인 123D Design를 설치해 보겠습니다. 아래 그림과 같이 http://www.123dapp.com으로 접속합니다.

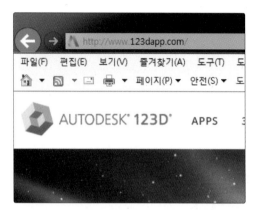 

**2** 아래 그림과 같은 화면이 나타나면 여러 항목 중에서 [123D Design]을 선택한 뒤, 자신의 환경에 맞는 버전을 선택합니다. 대부분의 사용들이 PC에서 사용하기 때문에 [PC download] 항목을 선택합니다.

3 계속해서 본인의 PC 운영체제의 버전(32-bit version/64-bit version)을 선택하여 123D Design 설치 파일을 내려 받습니다.

4 내려 받은 파일을 실행한 뒤, 아래 그림과 같은 화면이 나타나면 순서에 맞게 필요한 항목을 클릭하여 프로그램을 설치합니다.

5 설치 과정의 마지막에서 Done 버튼을 클릭하여 설치를 완료해 줍니다. 이제 아래 그림과 같이 바탕화면에 설치된 123D Design 실행 파일을 더블 클릭하여 설치된 프로그램을 실행합니다.

**6** 아래 그림과 같이 WELCOME TO 123D DESIGN 대화상자가 나타나며, 창을 닫으면 아래 그림과 같은 초기 화면이 나타나는 것을 확인할 수 있습니다.

 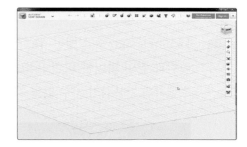

AUTODESK 123D Design 프로그램의 경우 무료임에도 불구하고 지속적으로 실시간 업데이트되기 때문에 최신 버전의 소프트웨어를 다운 받아 사용하시기 바랍니다.

• 123D Design 프로그램의 기본적인 인터페이스는 아래와 같습니다.

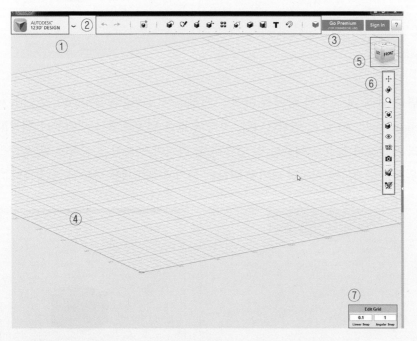

① 애플리케이션 버튼: 파일에 관련된 메뉴를 표시해 줍니다.
② 아이콘 바: 123D Design에서 대부분의 모델링을 위한 명령이 있습니다.
③ 로그인 정보 창: 웹에 로그인할 수 있는 메뉴입니다.
④ 작업 창: 실제 모델링 작업을 수행하는 작업 공간입니다.
⑤ 뷰큐브: 작업을 위한 시점 변경을 할 수 있는 명령 아이콘입니다.
⑥ Display(탐색 막대) 바: 화면 제어를 위한 명령이 모여 있습니다.
⑦ Set up(설정) 바: 작업을 위한 스냅과 단위를 설정할 수 있습니다.

SECTION 2

# 3D 모델링 기초 연습(1)

**1** 123D Design를 실행한 뒤, 기본적인 3D 모델링을 진행해 보겠습니다. 가장 아래 그림과 같이 아이콘 바의 Primitives 메뉴에서 Box 명령을 수행합니다. Box 명령을 수행하면 기본적인 치수 값을 가진 육면체가 나타납니다.

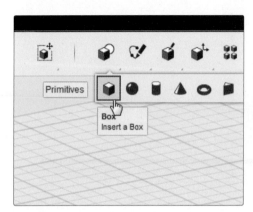 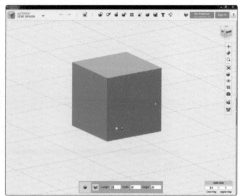

**2** 화면 하단에 치수 입력 창에서 아래 그림과 같이 Length(길이): 40, Width(너비): 40, Height(높이): 30 값을 입력합니다. 각각의 값은 마우스를 클릭하거나 탭 키( ⇥ )를 눌러 옵션값의 창으로 이동할 수 있습니다. 마지막으로 값을 입력한 뒤, 원하는 위치에 마우스를 클릭하면 지정된 크기로 원하는 위치에 육면체를 만들 수 있습니다.

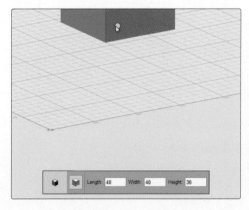 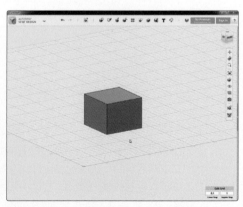

 명령을 종료하는 방법은 원하는 곳에 마우스를 놓고 Enter ↵ 또는 마우스 왼쪽 버튼을 클릭하면 됩니다.

**3** 계속해서 이번에는 구(Sphere)를 그리기 위해서 아래 그림과 같이 Primitives 메뉴에서 Sphere 명령을 수행합니다. Sphere 명령을 수행하면 기본적인 치수 값을 가진 구의 개체가 나타납니다.

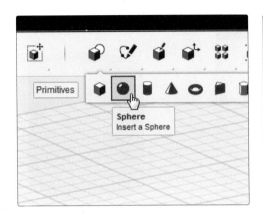 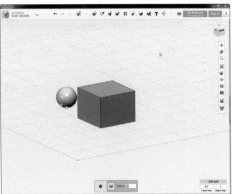

**4** 앞에서 수행한 동일한 방법으로 구의 반지름(Radius) 값을 20으로 입력한 뒤, 원하는 위치에 클릭하여 구의 모델링을 완성할 수 있습니다.

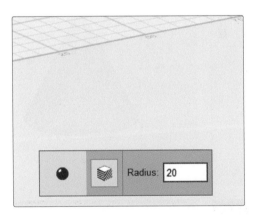 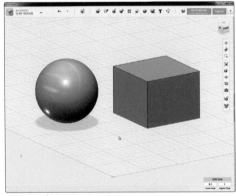

작성된 개체를 삭제하기 위해서는 마우스로 개체를 선택한 뒤, Del 키를 눌러 선택된 개체를 삭제할 수 있습니다.

**5** 지금부터는 아이콘 바의 Primitives 메뉴에 위치하고 있는 다른 3D 모델링 명령을 수행하여 필요한 개체의 크기 값을 통해 원하는 개체를 만들어 보시기 바랍니다.

- Cylinder

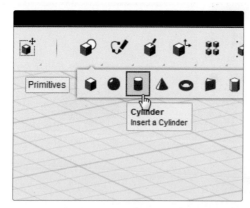 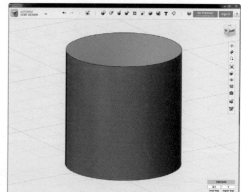

- Cone

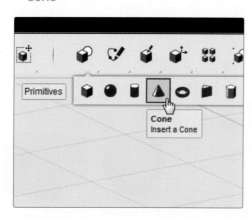 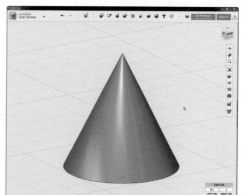

- Torus

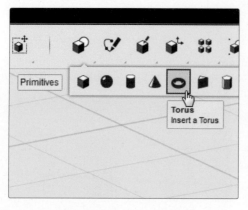 

- Wedge

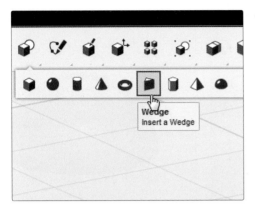 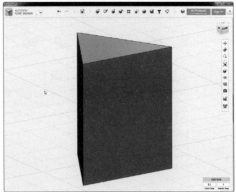

- Prism

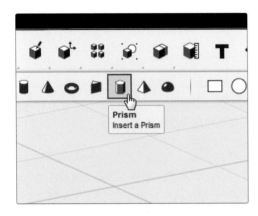 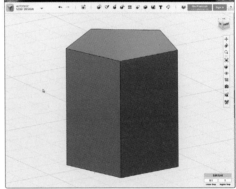

- Pyramid

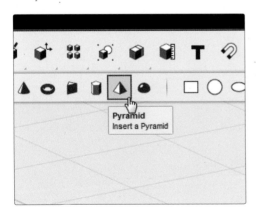 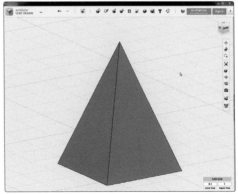

- Hemisphere

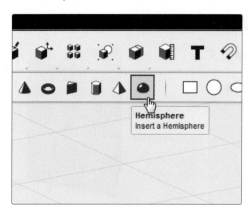 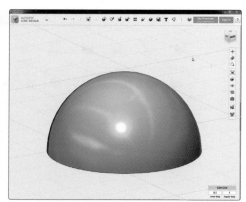

Primitives 메뉴의 2차원 도형을 제작하는 명령은 Sketch 메뉴의 2차원 도형과 위치 설정 및 크기 설정 방법에서 약간의 차이가 있습니다.

- Primitives의 3차원 도형과 2차원 도형에서 기본적으로 적용되는 내용은 다음과 같습니다. 입력 값을 지정할 때는 탭( ⇥ ) 키를 이용해 이동 가능하며, 모델링 형상 크기를 정한 뒤 Enter↵ 키를 눌러 적용시킵니다. 물론 Primitives를 이용해 완성된 형상은 Scale 메뉴를 통해서 확대/축소할 수 있습니다.

- 참고로 3차원 도형을 만드는 방법에는 ① Primitives의 3차원 도형을 이용하는 방법과 ② Sketch의 2차원 도형을 작성한 뒤, Depth(Z축 값)을 주어서 3차원으로 만드는 방법이 있습니다.

# 3D 모델링 기초 연습(2)

① Extrude 명령을 이용한 3D 모델링 작성

**1** 이번에는 2D 드로잉 개체를 제작한 뒤, 제작된 2D 개체를 이용한 3D 모델링을 제작 방식을 연습해 보겠습니다. 아래 왼쪽의 그림과 같이 아이콘 바의 Primitives 메뉴에서 Rectangle 명령을 수행합니다. Rectangle 명령을 수행하면 기본적인 치수 값을 가진 사각형 개체가 나타납니다. 화면 하단에 치수 입력 창에서 아래 그림과 같이 Length(길이): 40, Width(너비): 30 값을 입력합니다. 각각의 값은 마우스를 클릭하거나 탭 키(⇥) 눌러 옵션값의 창으로 이동할 수 있습니다.

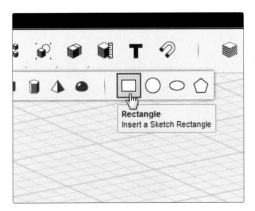
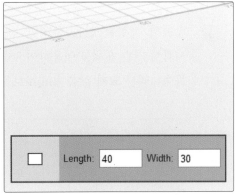

**2** 마지막으로 값을 입력한 뒤, 원하는 위치에 마우스를 클릭하면 지정된 크기(40×30)로 원하는 위치에 사각형 개체를 만들 수 있습니다.

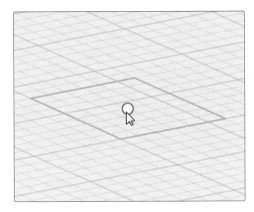
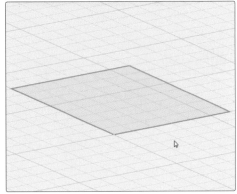

**3** 계속해서 이번에는 Construct 메뉴에서 Extrude 명령을 수행합니다. 명령을 수행한 뒤, 돌출하려는 면 또는 솔리드 개체를 선택합니다.

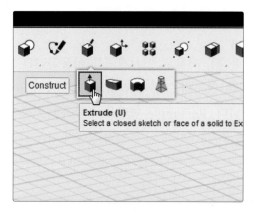 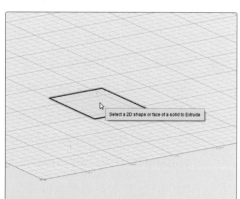

**4** 앞에서 작성된 면을 선택한 뒤, 돌출하려는 방향의 화살표를 드래그하면 작성된 사각형 기준 개체를 이용하여 3차원 육면체가 만들어지는 모습을 볼 수 있습니다. 이제 돌출하려는 크기 값을 30mm로 입력한 뒤, 화면 빈 곳을 클릭하여 명령을 종료합니다.

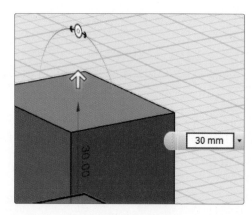 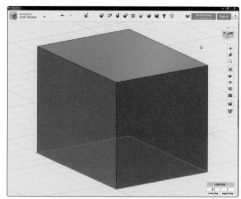

 이미 설명한 바와 같이 명령은 원하는 곳에 마우스를 놓고 Enter ↵ 또는 마우스 왼쪽 버튼을 클릭하면 종료됩니다.

② Sweep 명령을 이용한 3D 모델링 작성

**1** 계속해서 앞에서 작성된 개체를 삭제한 뒤, 이번에는 Sweep 명령을 이용한 3D 모델링을 제작해 보겠습니다. 가장 아래 그림과 같이 아이콘 바의 Primitives 메뉴에서 Circle 명령을 수행합니다. Circle 명령을 수행하면 기본적인 치수 값을 가진 원 개체가 나타납니다.

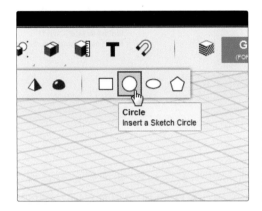
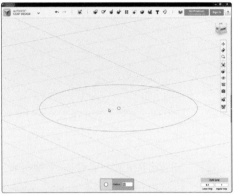

**2** 화면 하단에 치수 입력 창에서 아래 그림과 같이 Radius(반지름) 값을 10으로 입력한 뒤, 원하는 위치에 마우스를 클릭하여 반지름 10 크기의 원을 그립니다.

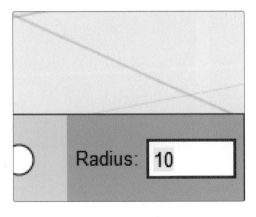
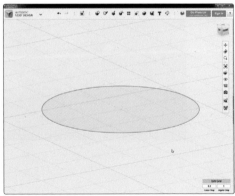

**3** 계속해서 이번에는 그려진 원 개체를 회전시켜 보겠습니다. 작성된 원 개체를 선택한 뒤, Transform 메뉴에서 Move/Rotate( Ctrl + T ) 명령을 수행합니다.

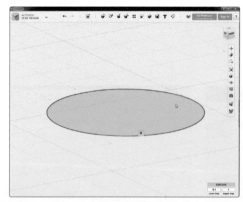 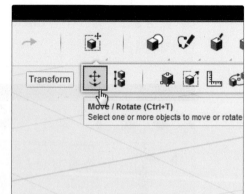

**4** Move/Rotate 명령을 수행하면 아래 그림과 같이 이동 및 회전을 위한 보조 개체가 나타납니다. 이때 원하는 방향으로 드래그하여 아래 그림과 같이 90°만큼 개체를 회전시킵니다.

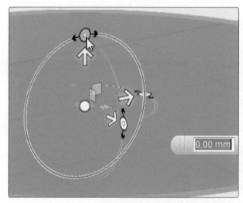 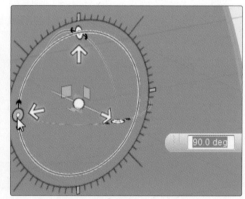

**5** 이번에는 호를 작성해 보겠습니다. 아이콘 바의 Sketch 메뉴에서 Tree Point Arc 명령을 클릭한 뒤, 아래 그림과 같이 호를 그리기 위한 세 점 중에 첫 번째 점을 클릭하여 지정합니다.

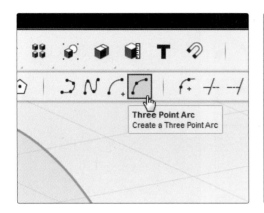
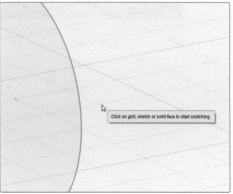

**6** 나머지 세 점을 지정하여 원하는 호 개체를 작성한 뒤, Exit Mode 버튼을 클릭하여 드로잉 작업을 완료합니다.

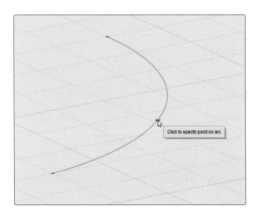

**7** 이제 회전된 원 개체를 작성된 호 끝으로 이동시켜 보겠습니다. 원 개체를 선택한 뒤, Transform 메뉴에서 Move/Rotate(Ctrl+T) 명령을 수행합니다. 아래 그림과 같이 이동 핸들을 드래그하거나 치수를 입력하여 원하는 위치로 이동할 수 있습니다.

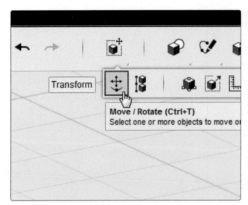
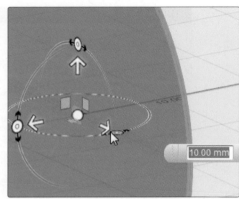

**8** 아래 그림과 같이 원의 중심에 호의 끝점이 위치하도록 이동합니다.

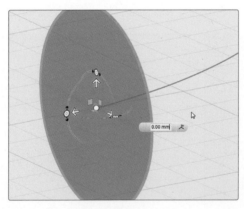
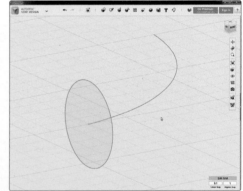

9 이제 Sweep 명령을 이용하여 기준 단면 개체를 경로에 따라 모델링되는 과정을 살펴보겠습니다. 먼저 Construct 메뉴에서 Sweep 명령을 수행합니다. 그 뒤 나타나는 팝업 창에서 Profile을 선택하고 원형 개체를 선택합니다.

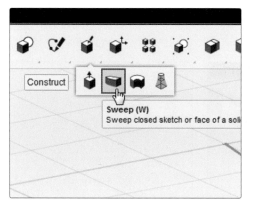 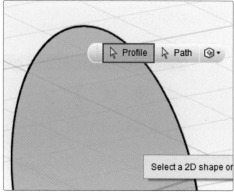

10 계속해서 이번에는 경로를 지정하기 위해 Path를 선택한 뒤, 호(곡선) 개체를 선택하여 모델링을 종료합니다.

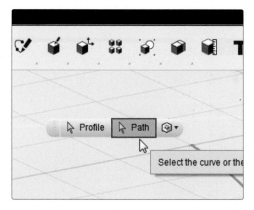 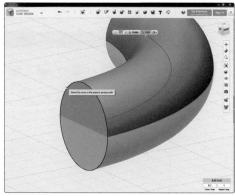

③ Revolve 명령을 이용한 3D 모델링 작성

**1** 계속해서 앞에서 작성된 개체를 삭제한 뒤, 이번에는 Sweep 명령을 이용한 3D 모델링을 제작해 보겠습니다. 가장 아래 그림과 같이 아이콘 바의 Primitives 메뉴에서 Circle 명령을 수행합니다. Circle 명령을 수행한 뒤, 반지름을 10으로 하여 원을 그립니다.

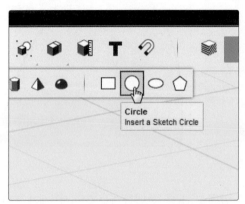
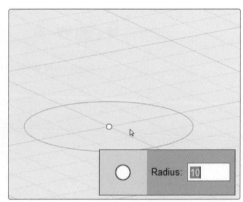

**2** 이번에는 Polyline 명령을 수행한 뒤, 아래 그림과 같이 직선을 그립니다.

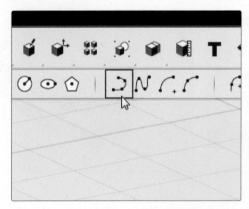
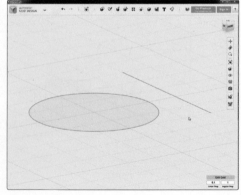

3. 기준 개체 작성이 끝나면 Construct 메뉴에서 Revolve 명령을 수행합니다. 가장 먼저 아래 그림과 같이 Profile 항목을 선택한 뒤, 회전할 개체인 원 개체를 선택합니다.

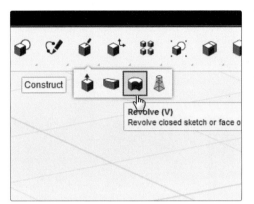
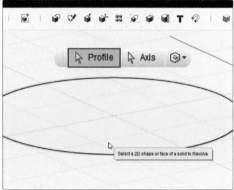

4. 계속해서 이번에는 Axis 항목을 선택한 뒤, 회전축인 직선 개체를 선택하고 회전할 각도를 입력합니다. 여기서는 완전히 회전된 개체를 만들기 위해 360°를 입력했습니다.

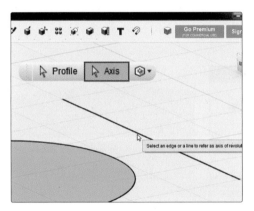
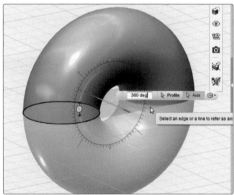

④ Loft 명령을 이용한 3D 모델링 작성

**1** 계속해서 앞에서 작성된 개체를 삭제한 뒤, 이번에는 Loft 명령을 이용한 3D 모델링을 제작해 보겠습니다.

그림과 같이 Circle 명령을 수행하여 반지름 10, 20 크기의 원을 작성합니다.

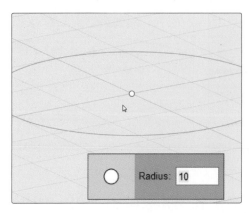
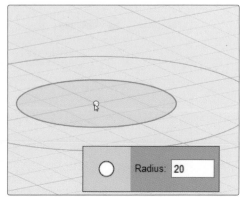

**2** 2개의 원을 작성한 뒤, 반지름 20 크기의 원을 선택하고 Move/Rotate 명령을 수행하여 그림과 같이 Z축으로 20만큼 이동시킵니다.

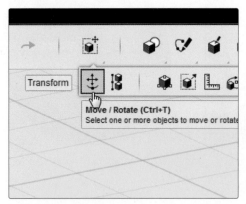
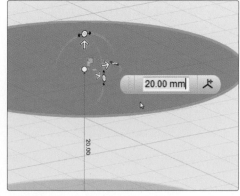

**3** 이제 Loft 명령을 수행해 보겠습니다. Construct 메뉴에서 Loft 명령을 수행한 뒤, 아래에 위치하고 있는 원을 선택합니다.

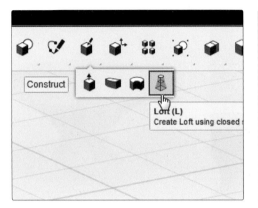
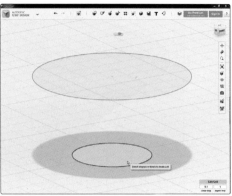

 두 번째 원 개체를 작성할 때 주의할 점은 원을 그리기 위해 작성될 평면을 지정할 때(즉 click on grid, sketch or solid face to start sketching 옵션이 나타날 때) 앞에서 작성된 원을 클릭하지 말고 화면의 빈 곳을 클릭한 뒤 원을 그려 주어야 합니다.

**4** 계속해서 이번에는 위쪽에 위치하고 있는 원을 선택합니다. 두 개의 원을 선택하고 나면 그림과 같은 결과가 만들어집니다.

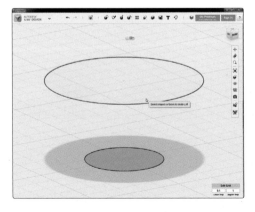
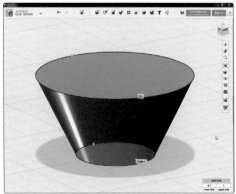

5 이제 그림과 같이 화면에 나타나는 핸들을 드래그하여 작성된 결과물의 형태를 변화시킬 수 있습니다. 화면 빈 곳을 클릭하여 Enter↵ 키를 입력하여 명령을 종료합니다.

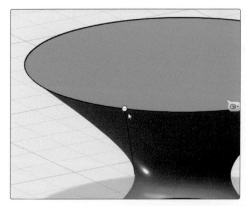 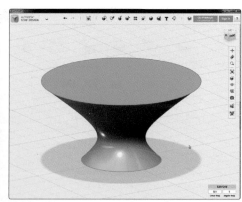

6 작성된 개체를 삭제한 뒤, 이번에는 다중 기준 개체를 이용한 Loft 명령을 수행해 보겠습니다. 아래 그림과 같이 Circle 명령을 이용하여 반지름 10, 15, 20, 25 크기의 원을 작성합니다.

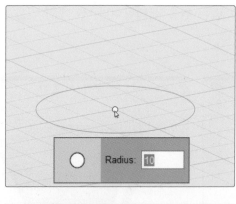 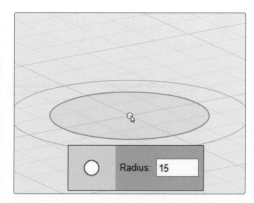

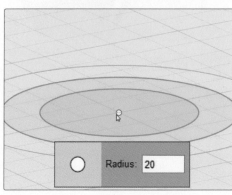 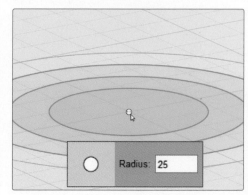

**7** 작성된 각각의 개체를 선택한 뒤, Move/Rotate 명령을 수행하여 아래 그림과 같은
적당한 위치로 각각의 개체를 Z축으로 이동시킵니다.

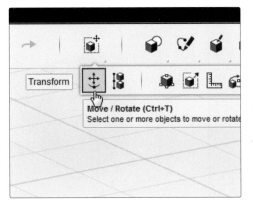 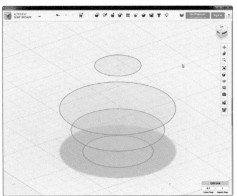

**8** 이제 Construct 메뉴에서 Loft 명령을 수행합니다. 아래 그림과 같이 가장 아래에
위치하고 있는 원 개체를 선택한 뒤, 계속해서 순서대로 다음에 위치하고 있는 원
개체를 선택합니다.

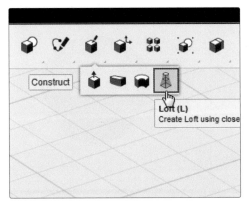 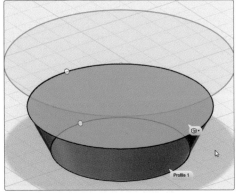

**9** 계속해서 [Ctrl] 키를 누른 상태에서 순차적으로 다중 Profile 개체인 원을 선택하여 Loft 명령을 이용한 3D개체를 완성합니다.

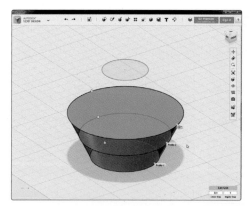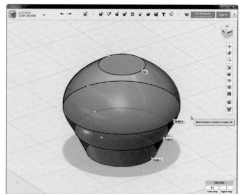

 Loft 명령을 이용하여 다중 개체를 선택할 경우, Profile 개체의 선택 순서가 매우 중요합니다. 아래의 그림을 살펴보면 같은 Profile 개체임에도 불구하고 선택되는 순서에 따라 결과물이 다르게 완성되는 모습을 확인할 수 있습니다.

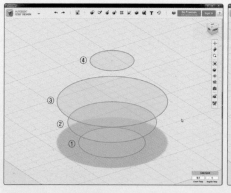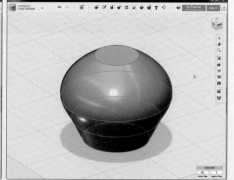

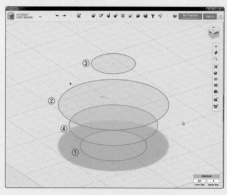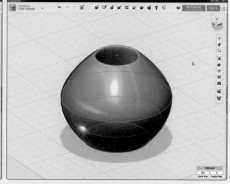

# 3D 큐빅 퍼즐 만들기

SECTION   1. 3D 큐빅 퍼즐 만들기

# 3D 큐빅 퍼즐 만들기

이번 예제에서는 Autodesk의 123D Design의 명령을 이용하여 아래 그림과 같이 간단한 형태의 교육을 위한 3D 큐빅 퍼즐을 만들어 보도록 하겠습니다. 간단한 몇 개의 명령만으로도 필요한 수준(Level)의 창의 교구를 제작할 수 있습니다.

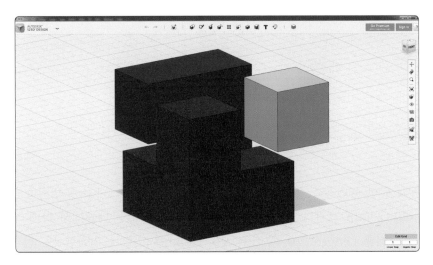

[123D Design을 이용하여 작성된 모델링 데이터]

[작성된 모델링 데이터를 3D 프린팅 결과]

**1** 123D Design를 실행합니다. 작업을 시작하기 전에 화면 우측 하단에 위치하고 있는 Edit Grid 명령으로 그리드 간격을 설정할 수 있습니다. 더불어 Edit Grid 명령을 수행하면 아래 그림과 같이 Grid Properties 대화상자가 나타나며, 필요한 그리드 간격 단위와 작업 공간의 크기를 설정할 수 있습니다.

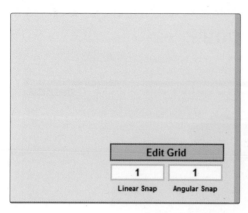 

**2** 이제 간단한 육면체를 작성하기 위해서 Primitives 메뉴에서 Box 명령을 수행합니다. 20×20×20mm 크기의 육면체를 작성하기 위해서 팝업 메뉴에서 아래 그림과 같이 Box 크기를 Length: 20, Width: 20, Height: 20으로 입력한 뒤, 임의의 위치에 클릭하여 육면체를 작성합니다.

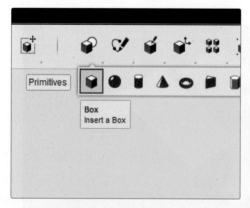 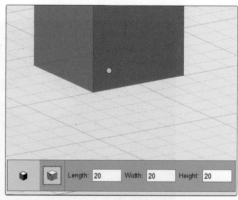

**3** 계속해서 앞에서 수행한 동일한 방법을 이용하여 아래 그림과 같이 동일한 크기(20×20×20mm)의 육면체 개체를 앞에서 작성된 육면체 바로 옆에 배치하여 작성합니다.

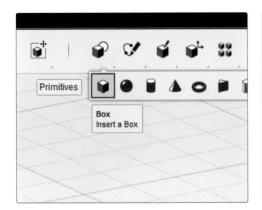 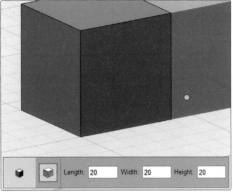

**4** 계속해서 앞에서 작업한 동일한 방법을 이용하여 아래 그림과 같이 2×2개의 육면체 박스를 작성합니다.

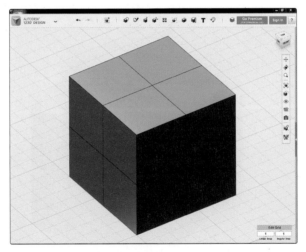

📁 (03\001.123dx)

**5** 작성된 개체 중 몇 개의 개체를 선택하여 하나의 개체로 합쳐 보겠습니다. Combine 메뉴에서 Merge 명령을 수행한 뒤, 아래 그림과 같이 4개의 개체를 선택합니다. 다중 개체를 선택할 경우 Ctrl 키를 누른 상태에서 여러 개체를 동시에 선택할 수 있습니다.

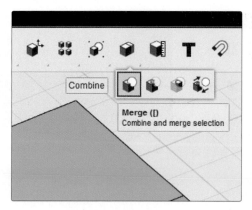 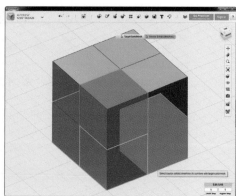

**6** 4개의 개체를 선택한 뒤, Enter ↵ 키를 누르면 아래 그림과 같이 선택한 개체들이 하나의 개체로 합쳐지는 결과를 확인할 수 있습니다.

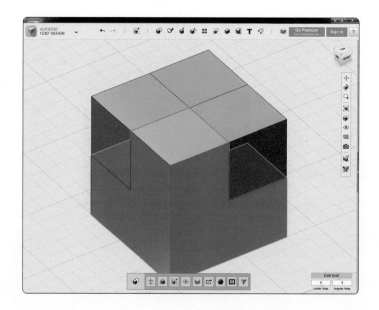

**7** 합쳐진 개체가 선택되어 있는 상태에서 Material 명령을 수행합니다. 나타나는 Material 대화상자에서 아래 그림과 같이 빨간색을 선택하여 적용합니다. 정확한 값의 입력을 원할 경우 아래 그림과 같이 16진수 값인 '#FF0000'을 입력하면 정확하게 빨강색을 적용할 수 있습니다.

**8** 계속해서 우측 상단에 위치하고 있는 뷰큐브(ViewCube)를 드래그하여 아래 그림과 같이 시점을 변경시킵니다.

 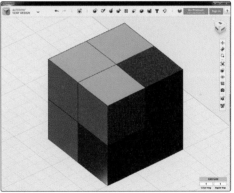

**9** 다시 Combine 메뉴에서 Merge 명령을 수행한 뒤, 아래 그림과 같이 3개의 개체를 선택합니다. 앞에서 설명한 바와 같이 다중 개체를 선택할 경우 Ctrl 키를 누른 상태에서 여러 개체를 동시에 선택할 수 있습니다.

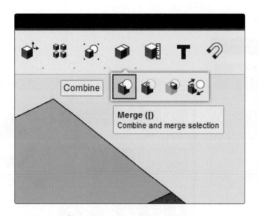 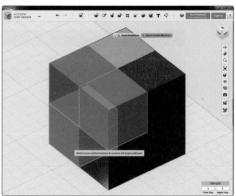

**10** 3개의 개체를 선택한 뒤, Enter↲ 키를 누르면 아래 그림과 같이 선택한 개체들이 하나의 개체로 합쳐지는 결과를 확인할 수 있습니다.

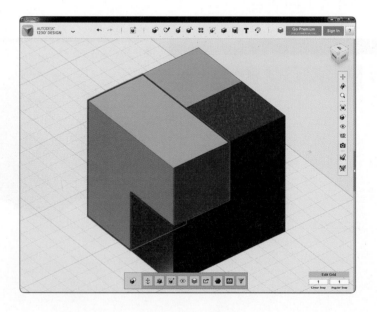

**11** 합쳐진 개체가 선택되어 있는 상태에서 Material 명령을 수행합니다. 나타나는 Material 대화상자에서 이번에는 파란색을 선택하여 적용합니다. 정확한 값의 입력을 원할 경우 아래 그림과 같이 16진수 값인 '#0000FF'를 입력하면 정확하게 파란색을 적용할 수 있습니다.

**12** 계속해서 우측 상단에 위치하고 있는 뷰큐브(ViewCube)를 드래그하여 아래 그림과 같이 시점을 변경시킵니다.

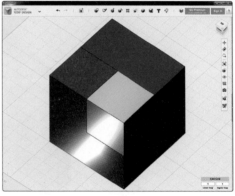

123D Design에서 시점을 변경하는 방법은 여러 방법이 있습니다. 앞에서 설명한 바와 같이 뷰큐브(ViewCube)를 드래그하여 원하는 시점을 변경할 수 있으며, Display(탐색 막대) 바에 위치하고 있는 다양한 화면 제어 명령을 이용하여 시점을 변경할 수 있습니다. 여러 명령이 있음에도 불구하고 실제로 가장 많이 사용되는 방법인 마우스 오른쪽 버튼을 드래그(시점 변경), 휠을 움직이거나(화면 확대·축소) 휠 드래그(화면 이동)를 통해 원하는 시점으로 변경할 수 있습니다.

**13** 전면에 보이는 남은 육면체를 선택한 상태에서 Material 명령을 수행합니다. 나타나는 Material 대화상자에서 이번에는 노란색을 선택하여 적용합니다. 정확한 값의 입력을 원할 경우 아래 그림과 같이 16진수 값인 '#FFFF00'을 입력하면 정확하게 노란색을 적용할 수 있습니다.

**14** 아래 그림과 같이 색상이 변경된 모습을 확인할 수 있습니다.

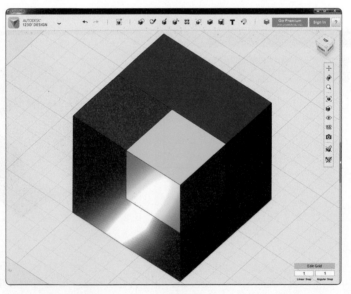

(03\002.123dx)

**15** 지금부터는 작성된 개체를 분리되어 보이도록 이동시켜 보겠습니다. 이동을 원하는 개체를 선택한 뒤, 아래 그림과 같이 Transform 메뉴에서 Move / Rotate 명령을 수행하여 이동을 원하는 방향의 축 방향으로 드래그하면 아래 그림과 같이 개체를 이동시킬 수 있습니다.

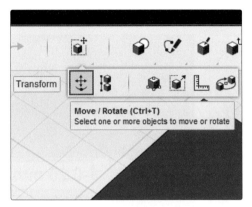 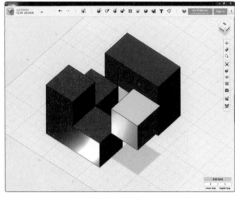

 개체를 이동하거나 회전하는 작업은 굉장히 빈번하게 진행됩니다. 따라서 이동/회전 명령 정도는 단축키( Ctrl + T )로 연습하시는 것이 좋습니다.

**16** 계속해서 우측 상단에 위치하고 있는 뷰큐브(ViewCube)를 드래그하여 아래 그림과 같이 아래에서 위로 바라볼 수 있는 시점으로 변경시킵니다. 그런 뒤 Modify 메뉴의 Press Pull 툴을 선택합니다.

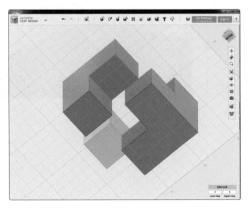 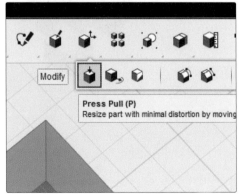

**17** Press Pull 툴 명령을 수행한 뒤, 아래 그림과 같이 밀어 넣기를 수행할 면을 다중 선택합니다. 이번에도 다중 면 개체를 선택할 경우 Ctrl 키를 누른 상태에서 여러 면을 클릭하면 동시에 선택할 수 있습니다. 개체의 모든 면을 선택한 뒤, 그림과 같이 -0.2mm 값을 입력하고 Enter ↵ 키를 누르면 선택된 면을 안쪽으로 0.2mm만큼 밀어 넣을 수 있습니다.

 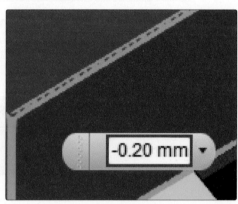

**18** 이번에는 아래 그림과 같은 시점으로 화면을 구성시킨 뒤, Modify 메뉴의 Press Pull 툴을 선택합니다.

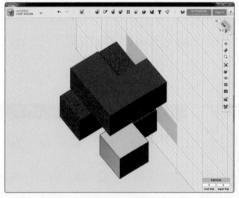 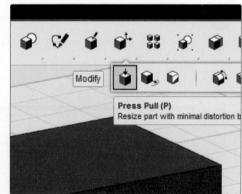

**19** 계속해서 아래 그림과 같이 밀어 넣기를 수행할 면을 다중 선택한 뒤, -0.2mm 값을 입력하고 Enter ↵ 키를 눌러 선택된 면을 안쪽으로 0.2mm만큼 밀어 넣습니다.

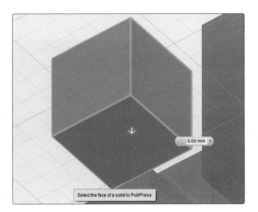 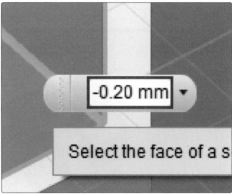

**20** 마지막으로 아래 그림과 같이 시점을 변경한 뒤, Modify 메뉴의 Press Pull 명령을 수행하여 나머지 개체의 면도 -0.2mm 값을 입력하여 개체 안쪽으로 0.2mm만큼 밀어 넣습니다.

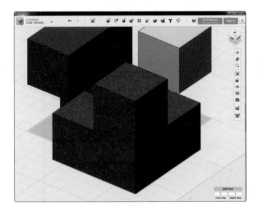 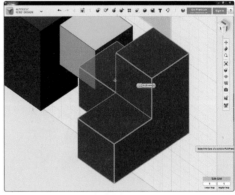

실제로 0.2mm만큼 밀어 넣는 작업을 진행하여도 화면상으로 큰 차이를 확인하기는 매우 어렵습니다. 그러나 최종 출력 후 조립하였을 경우, 조립을 위한 공차 및 여유값을 주지 않을 시 조립이 안 되는 경우가 있기 때문에 반드시 조립을 위한 여유값을 지정해 주어야 합니다.

**21** 지금부터는 작성된 3D 모델링 데이터를 출력을 위한 STL 포맷의 변환 작업을 진행해 보겠습니다. 먼저 아래 그림과 같이 STL 포맷으로 변환할 개체를 선택한 뒤, 나타나는 메뉴에서 아래 그림과 같이 Export Selection 명령을 수행합니다.

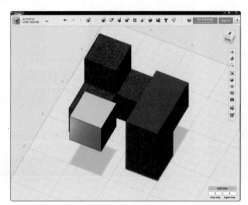 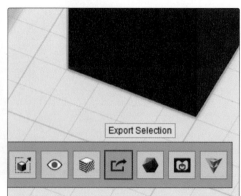

📁 (03\003.123dx)

**22** 나타나는 Export As 대화상자에서 아래 그림과 같이 저장될 파일명을 지정한 뒤, 파일 형식을 STL 포맷으로 지정하여 저장합니다. 동일한 방법으로 나머지 2 개의 개체도 STL 포맷으로 저장합니다.

📁 (03\004(cube_01).stl / 004(cube_02).stl / 004(cube_03).stl)

 STL 파일은 3차원 데이터를 표현하는 국제 표준 형식 중에 하나로 대부분의 3D 프린터에서 사용되고 있습니다.

**23** 지금부터는 STL 포맷으로 변환된 파일을 3D 프린팅 출력을 위한 슬라이싱 작업을 진행해 보겠습니다. 먼저 화면 우측 하단에서 사용될 3D 프린터의 기종을 설정합니다. 여기서는 Makerbot Replicator 5th(세대) 기종을 사용하기 때문에 Makerbot Print 프로그램을 실행합니다. 만약 Makerbot Replicator+를 사용할 경우 자신에 맞는 기종의 3D 프린터를 설정합니다.

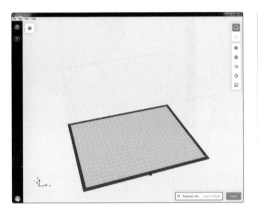 

**24** 출력 장비를 설정한 뒤, File ▶ Insert File... 명령을 수행하여 앞에서 작성된 STL 파일을 불러옵니다.

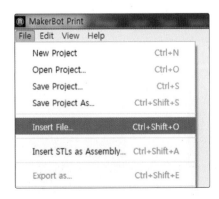 

**25** 아래 그림과 같이 앞에서 작성된 개체가 불러온 것을 확인할 수 있습니다. 시점을 변경하여 불러온 개체의 위치, 배치 형태 등을 확인합니다.

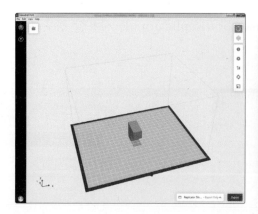 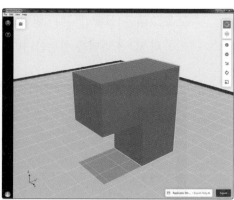

 Makerbot Print에서의 시점은 마우스의 휠을 굴려 화면을 확대/축소할 수 있으며, 마우스 오른쪽 버튼을 드래그하여 시점을 변경할 수 있습니다. 마지막으로 Shift 를 누른 상태에서 마우스 오른쪽 버튼을 드래그하여 화면을 이동시킬 수 있습니다.

**26** 배치와 설정 상태를 정확히 확인하기 위해서 View ▶ Turn Perspective Off 명령을 수행하여 투시 현상을 제거합니다.

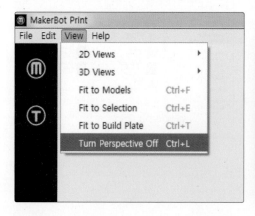 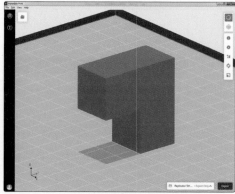

**27** 출력을 위한 간단한 설정을 확인해 보겠습니다. 아래 그림과 같이 Print Settings 명령을 수행하여 나타나는 옵션 창에서 아래 그림과 같이 설정합니다. 현재 MakerBot 5th 제품은 Smart Extruder/Extrude+를 동시에 사용하고 있기 때문에 제품에 맞는 값으로 설정해야 합니다. 나머지 옵션은 기본값으로 설정한 뒤 중요한 점은, 반드시 Raft 옵션이 선택되어 있어야 하며 Support 옵션값을 해제한 상태로 설정해야 합니다.

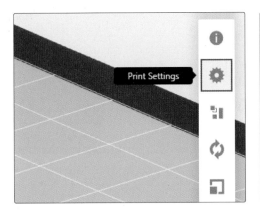 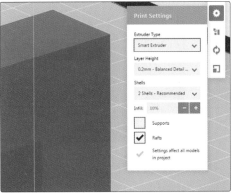

**28** 계속해서 불러온 모델링 파일을 서포트 없이 출력이 가능하도록 불러온 개체를 회전시켜 보겠습니다. 우측에 위치하고 있는 메뉴 중에서 Orient 명령을 수행한 뒤, 회전 방향을 고려하여 불러온 개체를 회전시킵니다.

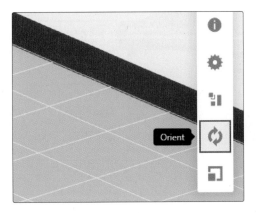 

**29** 아래 그림과 같이 출력을 위해 개체를 회전한 뒤, Show Print Preview 명령을 수행하여 슬라이싱 작업을 수행합니다. 그림과 같이 슬라이싱 작업이 진행되는 과정을 확인할 수 있습니다.

 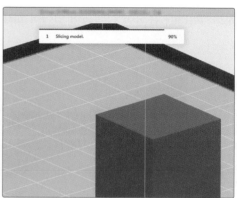

**30** 작업이 끝나면 아래 그림과 같이 출력을 위한 모든 변환 작업 및 출력 후의 결과를 미리보기 형태로 확인할 수 있습니다. 나타나는 Print Preview 버튼을 클릭하면 출력 전에 3D 프린팅되는 모습도 가상으로 확인 가능합니다.

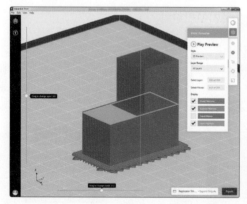 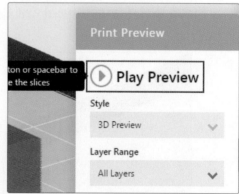

**31** 이제 변환 결과를 저장하기 위해서 Export 버튼을 클릭하여 변환 결과를 저장합니다.

📁 (03\005(cube_01).makerbot)

**32** File▶New Project 명령을 수행하여 빈 작업창을 준비한 뒤, 나머지 파일을 불러와 슬라이싱 작업을 진행하여 출력을 위한 변환 작업을 마무리합니다. 나머지 개체의 경우, 별도의 회전 없이도 서포트(Support)가 필요 없는 형태이기 때문에 쉽게 변환 작업을 진행할 수 있습니다.

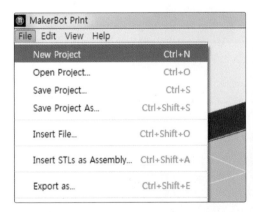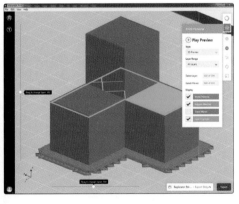

📁 (03\005(cube_02).makerbot / 005(cube_03).makerbot)

**33** 변환된 파일을 USB에 저장한 뒤, 3D 프린터 내부 메모리에 복사합니다. 내부 메모리에 변환된 파일을 복사한 뒤, 3D 프린팅을 진행합니다. 아래 그림과 같은 결과물이 출력되는 모습을 확인할 수 있으며, 출력 결과를 확인합니다.

 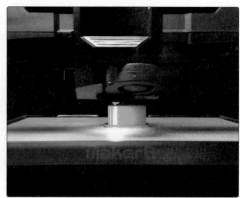

**34** 출력을 마친 뒤, Raft를 제거하고 조립하여 결과물을 확인합니다.

**35** 계속해서 이번에는 작성된 큐브 퍼즐을 수납할 수 있는 케이스를 제작해 보겠습니다. 아래 그림과 같이 New 명령을 수행하여 빈 작업 캔버스를 준비한 뒤, Box 명령을 수행합니다.

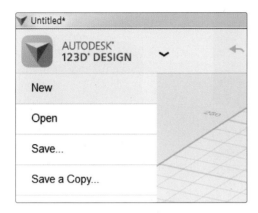 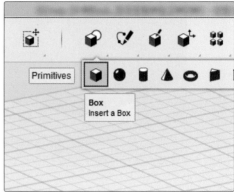

**36** 나타나는 옵션 창에서 아래 그림과 같이 44×44×42mm 크기의 박스를 만들기 위한 치수를 입력합니다.

**37** 아래 그림과 같은 Box를 제작한 뒤, 속이 빈 상자를 제작하기 위해서 Modify ▶ Shell 명령을 수행합니다.

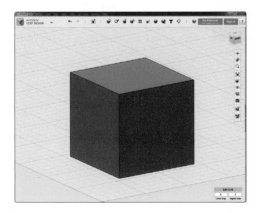 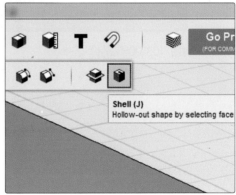

**38** 나타나는 옵션 창에서 아래 그림과 같이 Thickness Inside 값을 1.5로 설정한 뒤, 윗면을 클릭하여 선택합니다.

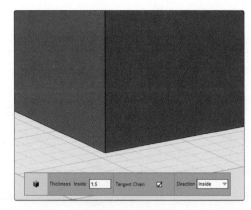 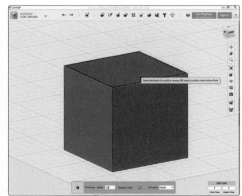

**39** 아래 그림과 같이 안쪽으로 1.5mm 두께로 속이 빈 박스가 완성되는 모습을 확인할 수 있습니다. 마지막으로 Enter ↵ 키를 눌러 작업을 완료합니다.

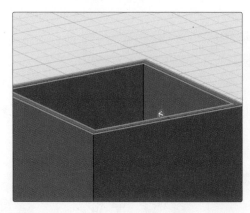 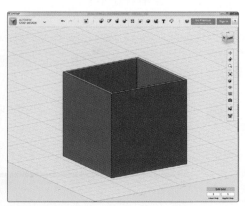

 (03\006(Case).123dx)

**40** 완성된 개체를 선택한 뒤, Export Selection 명령을 수행하여 STL 포맷의 파일을 만듭니다.

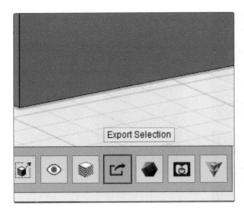 

📁 (03\006(Case).stl)

**41** 이제 메이커봇 프린트에서 앞에서 작성된 STL 파일을 불러온 뒤, 앞에서 수행한 동일한 방법으로 슬라이싱 작업을 수행하면 출력을 위한 준비가 완성됩니다.

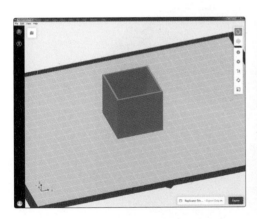 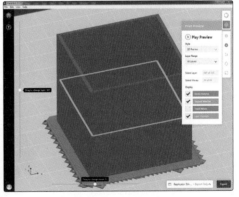

📁 (03\006(Case).makerbot)

**42** 변환된 파일을 이용하여 앞에서 작업한 동일한 방법으로 3D 프린터를 이용하여 출력한 뒤, 결과를 확인합니다.

**43** 앞에서 작성된 3D 큐브 퍼즐과 케이스를 조립하면 결과가 완성됩니다.

# 간단한 3D 큐빅 퍼즐 만들기 1

앞에서 수행한 동일한 방법으로 아래 그림과 같이 3×2×2 크기의 3D 큐브 퍼즐과 케이스를 모델링한 뒤, 3D 프린터를 이용하여 결과물을 제작해 봅시다.

▨ 각각의 기본 단위 개체의 크기는 20×20×20mm로 설정하여 작업합니다.

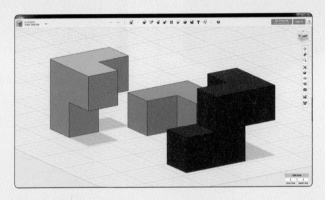

📁 (03\007.123dx)

▨ 제작된 3D 큐브 모델링 데이터의 변환

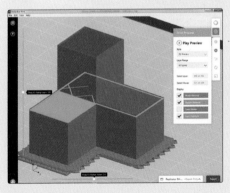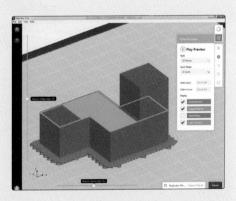

📁 (03\008(cube_01).stl / 008(cube_02).stl / 008(cube_03).stl)

▨ 출력된 3D 큐빅 퍼즐 보관하기 위한 보관함 모델링 및 출력 결과

1. 케이스 크기 : 64×44×42mm        2. Thickness Inside : 1.5

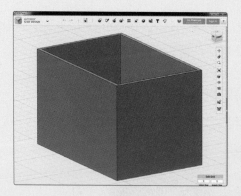 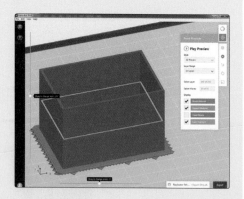

📁 (03\009(Case).123dx) / (03\010(Case).stl)

▨ 최종 완성된 3D 큐빅 퍼즐 & 케이스

# 간단한 3D 큐빅 퍼즐 만들기 ❷

이번에는 앞에서 수행한 동일한 방법으로 아래 그림과 같이 3×3×3 크기의 약간 복잡한 형태의 3D 입체 퍼즐을 제작한 뒤, 3D 프린터를 이용하여 결과물을 제작해 봅시다.

▨ 각각의 기본 단위 개체의 크기는 20×20×20mm로 설정하여 작업합니다.

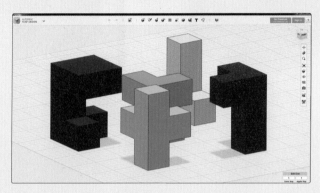

📁 (03\011.123dx)

▨ 제작된 3D 큐브 모델링 데이터의 변환

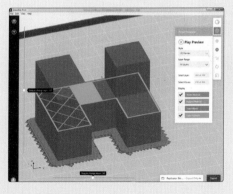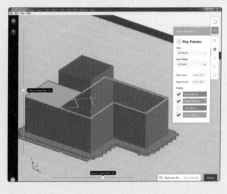

📁 (03\012(01_Blue).stl / 012(02_White).stl / 012(03_Green).stl / 012(04_Yellow).stl / 012(05_Red).stl)

▨ 출력된 3D 큐빅 퍼즐 보관을 위한 보관함 모델링 및 출력 결과

  1. 케이스 크기 : 64×64×42mm     2. Thickness Inside : 1.5

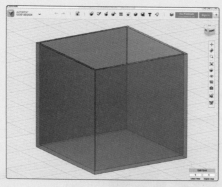 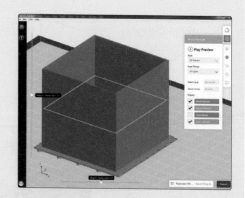

📁 (03\013(Case).123dx)

▨ 최종 완성된 3D 큐빅 퍼즐 & 케이스

# 3D 이름표
# 만들기

# 3D 이름표 만들기(1)

아래 그림과 같은 3D 이름표를 만들어 보겠습니다. 이번 모델을 통해 문자 입력 및 Extrude, Merge 명령의 활용법을 살펴볼 수 있습니다.

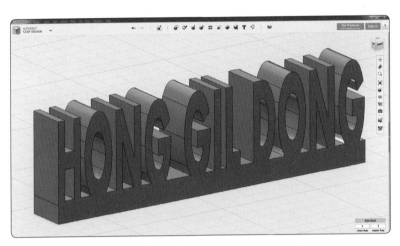

[123D Design을 이용하여 작성된 모델링]

[3D 모델링 데이터를 이용한 3D 프린팅 결과]

**1** 123D Design를 실행한 뒤, Primitives ▶ Box 명령을 수행합니다. 나타나는 옵션 창에서 아래 그림과 같이 Length: 5, Width: 80, Height: 10으로 입력합니다.

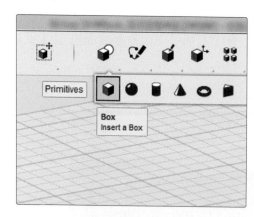 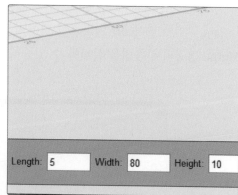

**2** 크기를 입력한 뒤, 임의의 위치에 클릭하여 아래 그림과 같이 긴 육면체의 개체를 작성합니다. 이제 작성된 모델링을 다른 시점으로 관찰하기 위해 아래 그림과 같이 ViewCube의 Top을 클릭하여 시점을 평면도 시점으로 변경합니다.

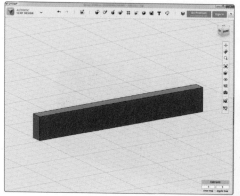 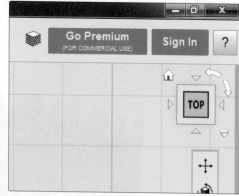

**3** 계속해서 이번에는 정확한 시점 설정을 위한 투시도 시점이 아닌 정사영(正射影) 시점으로 변경해 보겠습니다. 아래 그림과 같이 ViewCube 우측 하단의 버튼을 클릭하여 나타나는 메뉴에서 Orthographic 명령을 수행하여 정사영 시점으로 변경합니다. 시점을 변경하면 아래 그림과 같이 육면체의 모양이 정확하게 직사각형으로 보입니다.

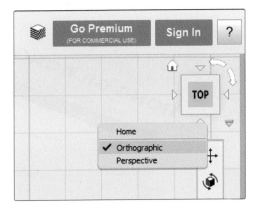
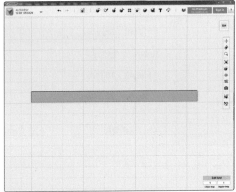

**4** 계속해서 이번에는 글씨를 입력해 보겠습니다. Tex(T) 명령을 수행한 뒤, 작업 화면에 글씨가 입력될 면을 클릭합니다.

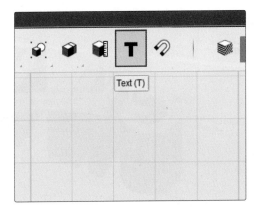
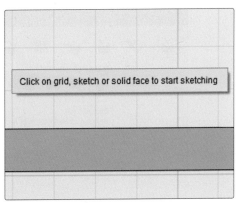

**5** 아래 그림과 같이 글씨를 입력할 수 있는 Text 창이 나타나면 입력될 글씨, 폰트, 크기, 각도 등을 설정한 뒤, OK 버튼을 클릭하여 글씨를 작성합니다. 글씨를 입력하고 아래 그림과 같이 시점을 변경합니다.

**6** 이번에는 Construct ▶ Extrude 명령을 수행한 뒤, 입력된 글씨를 클릭하여 선택하면 아래 그림과 같이 돌출 높이를 입력할 수 있는 창이 나타나며, 여기에 10mm를 입력하여 작성된 글씨를 3D 개체로 만듭니다.

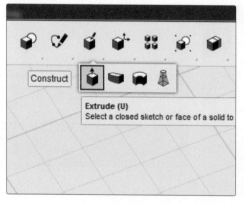
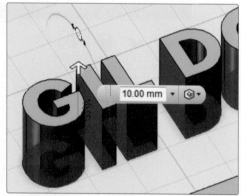

**7** Extrude 명령을 수행하고 나면 아래 그림과 같이 글씨가 입체적으로 만들어지는 것을 확인할 수 있습니다. 다시 뷰큐브(ViewCube)의 Top을 클릭하여 시점을 Top 뷰로 변경합니다.

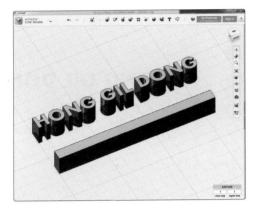 

**8** 이제 작성된 글씨 개체의 형태를 변형하기 위해서 글씨 개체를 선택한 뒤, 나타나는 옵션 창에서 Smart Scale 명령을 수행합니다. 나타나는 조절점을 이용하여 아래 그림과 비슷한 형태의 모양으로 만듭니다. 즉 작성된 글씨 개체의 폭 크기를 육면체 크기와 비슷한 크기로 조절합니다.

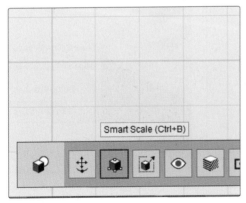 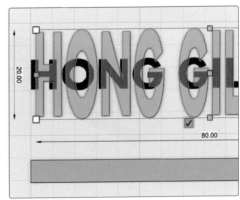

**9** 개체의 모양을 변형한 뒤, 아래 그림과 같이 Exit Mode 버튼을 클릭하여 변형을 종료합니다. 계속해서 Move 명령을 이용하여 아래 그림과 같이 문자와 육면체가 서로 겹치도록 위치를 이동합니다.

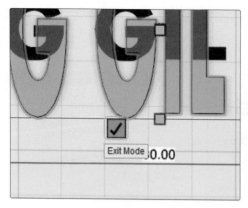
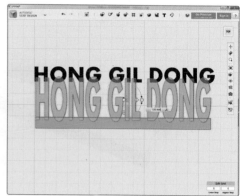

**10** 3 차원 시점으로 변경한 뒤, 3D 개체 제작을 위해 작성된 스케치 개체를 보이지 않도록 설정해 보겠습니다. 아래 그림과 같이 화면 우측에 위치하고 있는 내비게이션 바(Navigation Bar)에서 Hide Sketches 명령을 수행합니다.

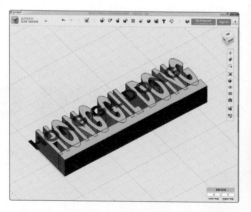
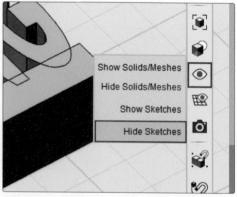

**11** Hide Sketches 명령을 수행하면 아래 그림과 같이 스케치 개체가 보이지 않게 됩니다. 계속해서 여러 개체를 하나의 개체로 묶기 위해 메인 툴 바에서 Combine ▶ Merge 명령을 수행합니다.

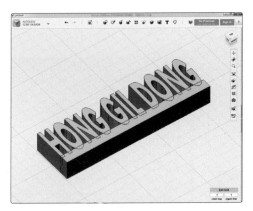 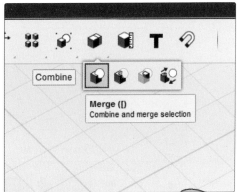

**12** Merge 명령을 수행한 뒤, 화면에 나타나 있는 모든 솔리드 개체를 선택하고 Enter ↵ 키를 눌러 명령을 종료합니다. 그림과 같이 하나의 개체로 합쳐진 것을 확인할 수 있습니다.

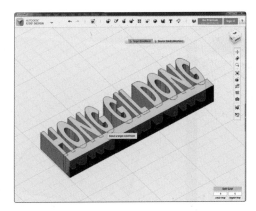 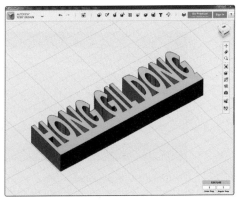

📁 (04\001(Text).123dx)

**13** 이제 완성된 3D 글씨 개체를 3D 프린팅을 위한 STL 포맷으로 저장해 보겠습니다. 완성된 개체를 선택한 뒤, 나타나는 메뉴(Context menu) 창에서 Export Selection 명령을 수행합니다. 나타나는 Export As 창에서 저장될 파일명을 설정하고 포맷으로 STL로 설정하여 저장합니다.

📁 (04\002(Text).stl)

**14** 저장된 STL 포맷 파일을 출력하기 위해서 메이커봇 프린트를 실행한 뒤, Insert File... 명령을 이용하여 불러옵니다.

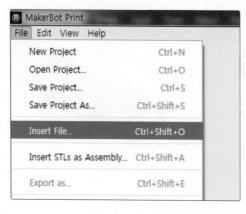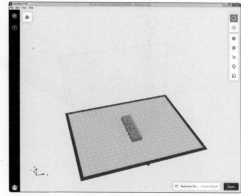

**15** 우측에 위치하고 있는 메뉴 중에서 Arrange 명령을 수행합니다. 나타나는 메뉴 중에서 Arrange Build Plate 명령을 수행하여 준비된 개체를 출력 판(Build Plate)에 정확히 정렬합니다. 이제 Show Print Preview 명령을 수행하여 출력을 위한 슬라이싱 작업을 진행합니다.

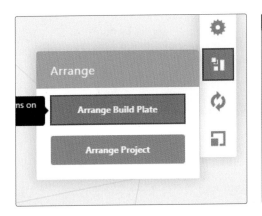 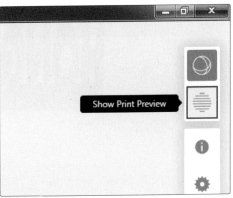

**16** 슬라이싱 작업이 끝나면 아래 그림과 같이 출력을 위한 모든 변환 작업 및 출력 후의 결과를 미리보기 형태로 확인할 수 있습니다. 이제 변환 결과를 저장하기 위해서 Export 버튼을 클릭하여 변환 결과를 저장합니다.

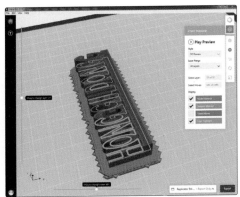 

 (04\003(Text).makerbot)

**17** 변환된 파일을 USB에 저장한 뒤, 3D 프린터 내부 메모리에 복사합니다. 내부 메모리에 변환된 파일을 복사한 뒤에 3D 프린팅을 진행하게 됩니다. 그렇게 되면 아래 그림과 같은 결과물이 출력되는 것을 확인할 수 있습니다. 출력을 마친 뒤, Raft를 제거하고 결과물을 확인합니다.

작업 중 개체를 선택한 뒤, [ D ] 키를 누르면 작업 그리드 하단에 위치하고 있는 개체를 작업 그리드 면으로 이동할 수 있습니다.

# 3D 이름표 만들기(2)

 이번에는 펜던트 형태의 3D 이름표를 만들어 보겠습니다. 완성된 모델링 데이터는 미리 준비된 펜던트 개체에 부착하여 아래 그림과 결과를 만들어 보겠습니다.

[123D Design을 이용하여 작성된 모델링]

[작성된 모델링을 이용한 3D 프린팅 결과]

**1** 123D Design를 실행한 뒤, ViewCube의 Top을 클릭하여 시점을 평면도 시점으로 변경합니다. 시점을 평면도 시점으로 변경한 뒤, Sketch ▶ Sketch Rectangle 명령을 수행합니다.

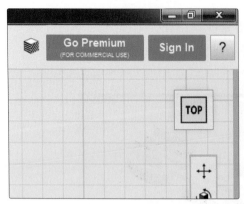 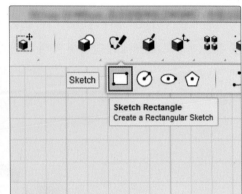

**2** 명령을 수행하면, 아래 그림과 같이 드래그하여 직사각형의 개체를 그릴 수 있습니다. 그림과 같이 나타나는 옵션 창에서 6×60 크기를 입력하여 직사각형을 그립니다.

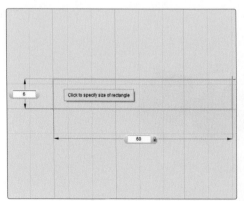 

**3** 계속해서 이번에는 글씨를 입력해 보겠습니다. Text(T) 명령을 수행한 뒤, 작업 화면에
글씨가 입력될 면을 클릭하여 자신의 이름을 입력합니다.

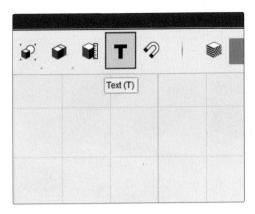 

글씨를 작성할 때 주의할 점은 앞에서 작성된 육면체(Box)와 겹쳐지지 않게 화면 빈 곳에 작성해
주어야 합니다. 만약 먼저 작성된 육면체(Box) 위에 글씨를 작성할 경우 원하는 위치에 놓이지
않기 때문에 글씨의 위치 및 방향이 다르게 작성될 수 있습니다.

**4** 아래 그림과 같이 글씨를 입력한 뒤, 시점을 변경합니다. 계속해서 3D 모델로 제작하기
위해서 Construction ▶ Extrude 명령을 수행합니다.

 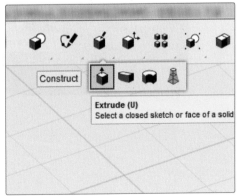

**5** Extrude 명령을 수행한 뒤, 작성된 직사각형 개체를 클릭하여 돌출시키기 원하는 방향을 지정한 뒤, 돌출 높이를 2.00mm로 설정합니다. 계속해서 이번에는 작성된 글씨 개체를 선택하고 나타나는 옵션 창에서 Extrude Text 명령을 수행합니다.

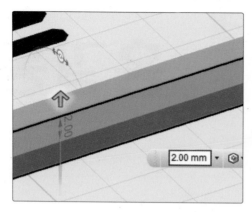 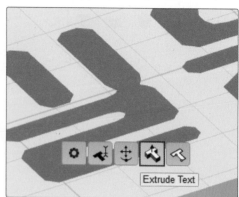

**6** 나타나는 돌출 크기 입력 창에서 5mm를 입력하여 작성된 글씨를 3D 개체로 만들고 다시 시점을 Top 뷰로 변경합니다.

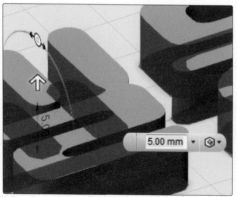 

**7** 다음의 작업을 편리하게 진행하기 위해서 아래 그림과 같이 내비게이션 바에서 Hide Sketches 명령을 수행하여 스케치 개체를 보이지 않도록 설정합니다. 계속해서 메인 툴 바에서 Move/Rotate 명령을 수행합니다.

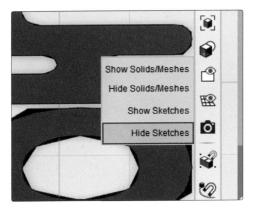 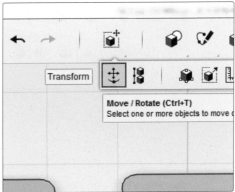

**8** 앞에서 작성된 직사각형 형태의 육면체를 선택한 뒤, 이동하여 아래 그림과 같이 글씨 중간에 위치하도록 이동합니다.

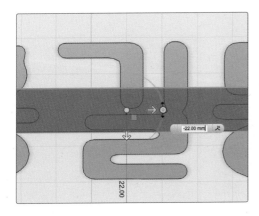 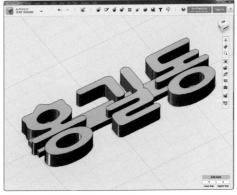

9 이제 육면체 개체와 3D 글씨 개체를 하나의 개체로 묶어 보겠습니다. Combine ▶ Merge 명령을 수행한 뒤, 작성된 두 개의 3D 개체를 선택하여 하나의 개체로 만듭니다.

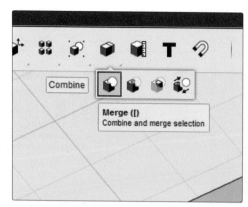

(04\004(Text).123dx)

10 이제 완성된 개체를 3D 프린팅 출력을 위해 개체를 선택한 뒤, 나타나는 Context 메뉴에서 Export Selection 명령을 수행하여 STL 포맷의 파일로 저장합니다.

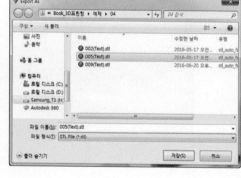

(04\005(Text).stl)

**11** 메이커봇 프린트를 실행한 뒤, 앞에서 작성된 STL 포맷의 파일을 불러옵니다. 정확한 배치를 위해 Arrange Build Plate 명령을 수행하여 준비된 개체를 출력 판(Build Plate)에 정확히 정렬합니다.

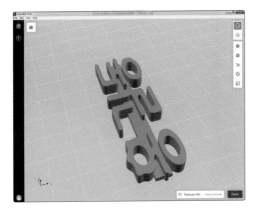 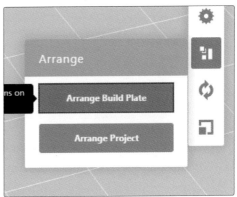

**12** 마지막으로 Show Print Preview 명령을 수행하여 출력을 위한 슬라이싱 작업을 진행합니다.

 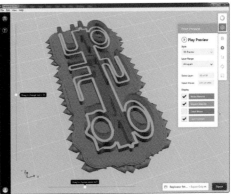

**13** 프린팅을 위해 변환된 파일을 저장한 뒤, 3D 프린팅을 진행하여 작성된 모델링 데이터를 출력합니다.

📁 (04\006(Text).makerbot)

**14** 출력 결과에서 Raft를 제거한 뒤, 미리 준비된 펜던트 조형 개체에 부착하여 결과물을 완성합니다.

# 3D 문자를 이용한 간단한 형태의 아트 워크

앞에서 수행한 방법으로 아래 그림과 같이 글자를 이용한 3차원 모델링 아트 워크 결과물을
작성한 뒤, 3D 프린터를 이용하여 결과물을 제작해 봅시다.

📁 (04\007(Text).123dx / 008(Text).stl)

▨ 이번 예제의 경우 출력물의 일부가 공중에 떠있는 형태로 구성되어 있습니다. 더불어 어떻게 회전하여
배치하더라도 이러한 현상이 발생되기 때문에 출력 결과에 에러가 발생할 수 있습니다. 이러한
경우에는 슬라이싱 작업을 수행하기 전에 Print Settings 항목에서 아래 그림과 같이 Supports 옵션을
설정한 뒤, 슬라이싱 작업을 수행해야 합니다.

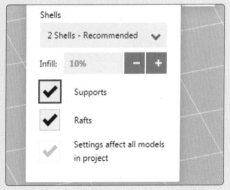

■ 서포트를 생성하지 않은 상태에서의 슬라이싱 결과와 출력 결과

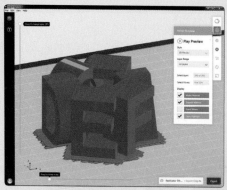

[슬라이싱 결과]　　　　　　　[출력 결과]

📁 (04\010(NoSupport).makerbot)

■ 서포트를 생성한 상태에서의 슬라이싱 결과와 출력 결과

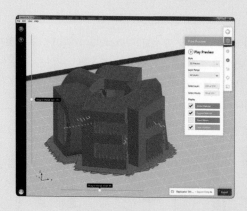

[슬라이싱 결과]　　　　　　　[출력 결과]

📁 (04\010(Support).makerbot)

## 서포트 생성 및 개체 출력 노하우

고가의 산업용 3D 프린터의 경우, 출력 재료와 서포트 재료를 다르게 사용합니다. 출력된 대부분의 서포트도 수용성 재료로 이루어져 이 속성을 통해 특수한 용액에 녹이거나 높은 수압으로 서포트를 제거합니다.

반면, 저가형 및 보급형 3D 프린터를 사용하면서 가장 불편한 점들 중 하나는 단일 재료(필라멘트)로 출력물과 서포트를 동시에 출력하여야 한다는 것입니다. 이러한 문제로 인하여 출력 후 서포트를 제거하기 위해 많은 노력과 시간이 소요되며 후가공이라는 과정을 요하게 됩니다. 따라서 가급적 서포트를 생성하지 않고 출력할 수 있는 노하우가 필요하며 많은 경험을 통해 여러 문제들을 쉽게 해결할 수 있습니다.

만약 아래와 같은 형태의 개체의 경우, 공중에 떠있는 부분이 있기 때문에 반드시 서포트를 생성해야 합니다. 다만 몇 가지 노하우를 통해 서포트 없이 출력할 수 있는 방법을 살펴보겠습니다.

[출력을 위해 준비된 모델링 데이터의 형태]

① **서포트를 생성하여 출력**: 서포트 제거 등의 후가공이 요구됨.

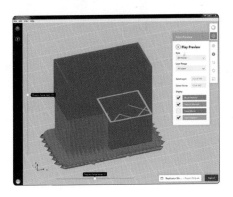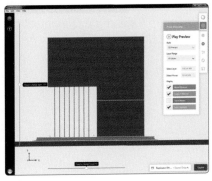

미리보기출력

② 서포트 생성이 불필요한 형태로 회전하여 출력: 별도의 후가공이 불필요함.

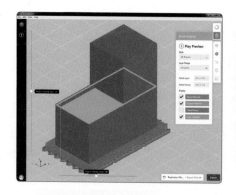 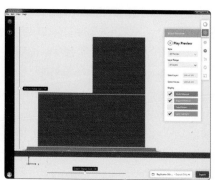

③ 개체를 분할하여 출력: 출력 후 본딩(조립) 작업이 요구됨.

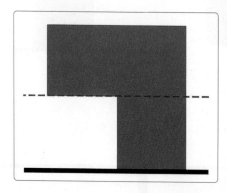 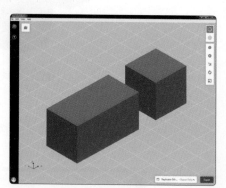

# 수납 박스(케이스)
# 만들기

# 간단한 수납 박스 만들기

이번 예제에서는 아래 그림과 같이 간단한 형태의 수납 박스를 만들어 보겠습니다. 이번 예제를 통해 123D Design 명령, 작업 방식을 좀 더 익힐 수 있으며, 3D 프린팅까지의 전체적인 작업의 흐름을 다시 한 번 익혀 보겠습니다.

**1** 간단한 육면체를 작성하기 위해서 Primitives 메뉴에서 Box 명령을 수행합니다. 팝업 메뉴에서 아래 그림과 같이 Box 크기를 Length: 100, Width: 80, Height: 80으로 입력한 뒤, 임의의 위치에 클릭하여 육면체를 작성합니다.

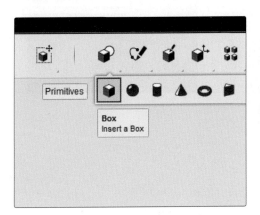
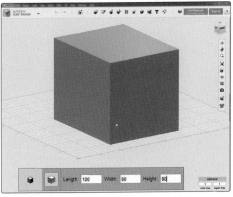

**2** 화면 우측 상단에 위치하고 있는 ViewCube를 드래그하면 시점을 이동할 수 있습니다. 아래 그림과 비슷한 시점으로 변경합니다.

 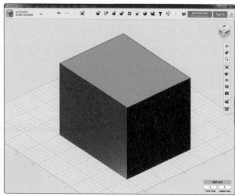

**3** 이번에는 Modify ▶ Shell 명령을 수행합니다. Shell 명령을 수행한 뒤, 아래 그림과 같이 작성된 Box 윗면을 클릭하여 선택합니다.

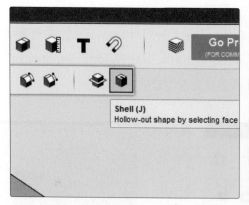 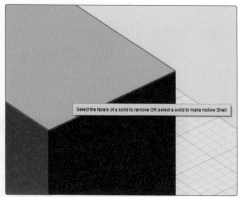

**4** 나타나는 창에서 Thickness Inside 값을 6으로 설정하여 두께 6mm의 박스를 만듭니다.

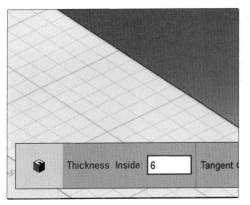 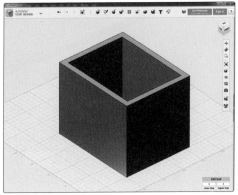

**5** 이번에는 모서리를 둥글게 처리하기 위해서 Modify ▶ Fillet 명령을 수행합니다. 아래 그림과 같이 외부의 모서리를 모두 선택합니다. 모서리를 선택할 때 Shift 키를 누른 상태에서 선택하면 모서리를 다중 선택할 수 있습니다.

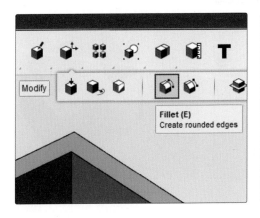 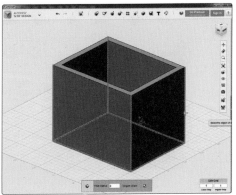

**6** 나타나는 옵션 창에서 Fillet Radius 값을 10으로 입력한 뒤, [Enter↵] 키를 눌러 결과를 확인합니다. 그림과 같이 모서리가 둥글게 처리됨을 확인할 수 있습니다.

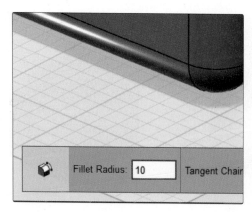
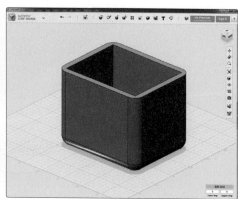

**7** 계속해서 내부 박스 내의 모서리를 둥글게 처리하기 위해서 이번에는 Modify ▶ Fillet 명령을 수행합니다. 이번에는 아래 그림과 같이 박스 내부의 모서를 모두 선택합니다.

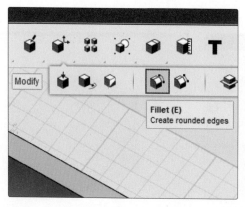
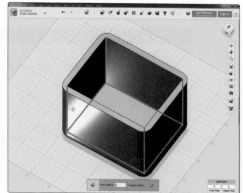

**8** 나타나는 옵션 창에서 Fillet Radius 값을 4로 입력한 뒤, ⌈Enter ↵⌋ 키를 눌러 결과를 확인합니다. 그림과 같이 내부 모서리가 둥글게 처리되는 것을 확인할 수 있습니다.

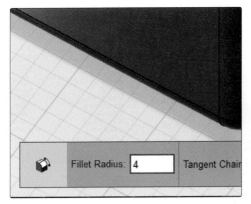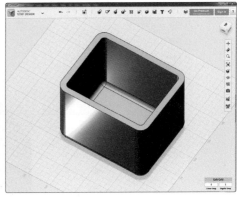

**9** 지금까지 작성된 데이터를 저장하기 위해서 애플리케이션 버튼을 클릭하여 나타나는 메뉴에서 Save a Copy... ▶ To My Computer 명령을 수행합니다. 나타나는 대화 상자에서 파일명을 지정하여 저장합니다.

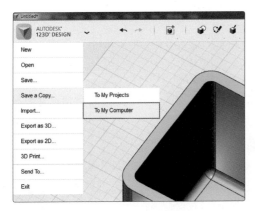

📁 (05\001(Box).123dx)

**10** 계속해서 3D 프린팅을 위해 Export as 3D ▶ STL 명령을 수행하여 STL 포맷의 파일로 저장합니다.

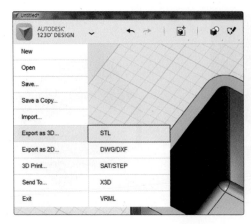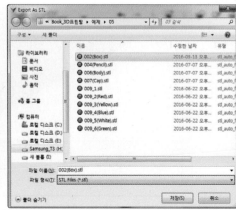

📁 (05\002(Box).stl)

**11** 메이커봇 프린트를 실행한 뒤, 아래 그림과 같이 File ▶ Insert File 명령을 수행하여 작성된 STL 포맷의 파일(05\002(Box).stl)을 불러옵니다.

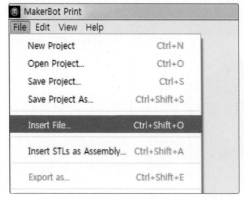

**12** 다음 그림과 같이 STL 개체를 불러온 뒤, 출력을 위한 설정을 위해 Print Settings 버튼을 누릅니다.

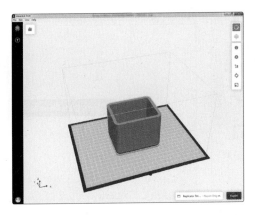 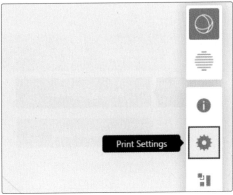

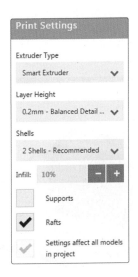

**13** Print Settings 대화상자가 나타나면, 그림과 같이 변숫값을 설정합니다.

**14** 계속해서 아래 그림과 같이 Arrange Build Plate 명령을 수행하여 개체를 정렬한 뒤, Show Print Preview 명령을 수행하여 슬라이싱 작업을 수행합니다.

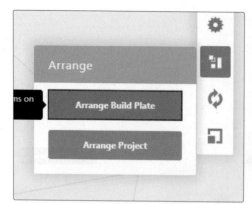

**15** 아래 그림과 같이 슬라이싱 작업이 진행되는 모습을 확인할 수 있으며, 슬라이싱 결과를 확인합니다.

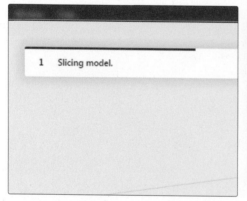
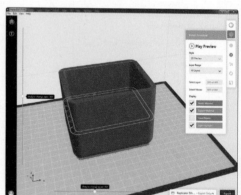

**16** 슬라이싱 결과 후 Export 명령을 수행하여 출력을 위한 변환 데이터를 저장합니다.

**17** 프린팅을 위해 변환된 파일을 저장한 뒤, 3D 프린팅을 진행하여 작성된 모델링 데이터를 출력합니다.

이름표+수납 박스 만들기

아래 그림과 같이 Box, Fillet, Shell 명령을 이용하여 수납 박스를 작성한 뒤, 자신의 이름을 추가로 모델링하여 수납 박스를 작성합니다.

📁 (05\003(Box_Name).123dx, 004(Box_Name).stl)

▨ 출력 결과물

# 펜 케이스 제작

앞에서 수행한 방법으로 아래 그림과 같이 Box, Fillet, Shell 명령을 이용하여 아래 그림과 같은
펜 케이스를 제작해 봅시다.

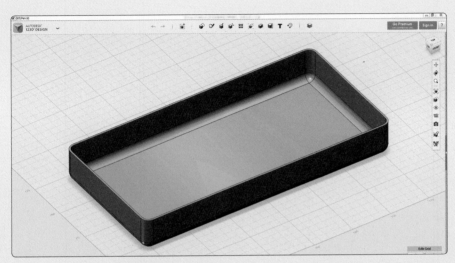

📁 (05\005(Pencil).123dx, 006(Pencil).stl)

▨ 출력 결과물

■ 작업을 위한 도면 및 치수

# 두루마리 휴지 케이스 제작

이번 예제에서는 아래 그림과 같이 간단한 형태의 두루마리 휴지 케이스를 제작해 보겠습니다.

▨ 최종 출력 결과물

▨ 아래 도면을 참고하여 케이스 본체를 모델링해 보겠습니다.

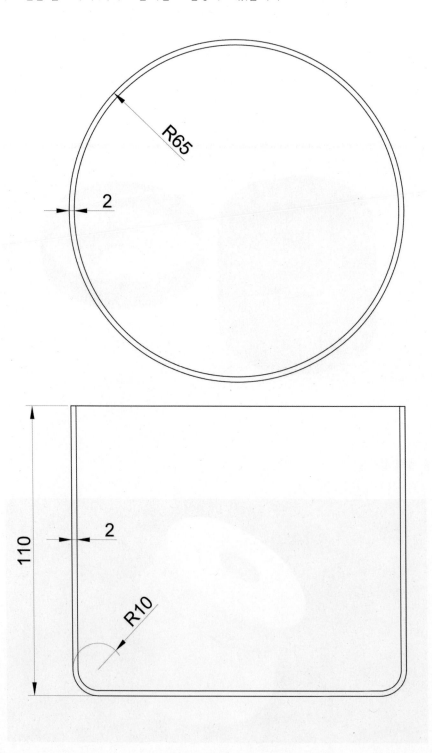

**1** 제시된 도면과 같이 Primitives ▶ Cylinder 명령을 수행하여 반지름(Radius): 65, 높이(Height): 110 크기의 원기둥을 작성합니다.

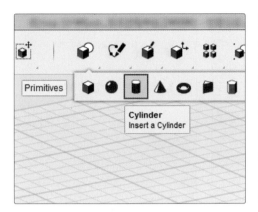 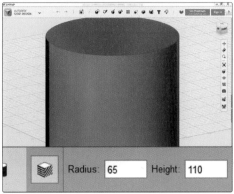

**2** Modify ▶ Fillet 명령을 수행하여 반지름 10으로 원기둥의 하단 모서리를 부드럽게 처리합니다.

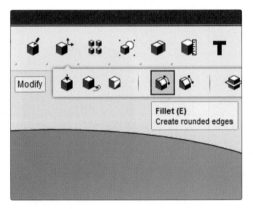 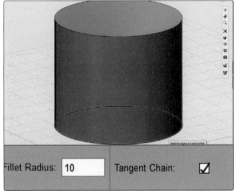

**3** 아래 그림과 같은 결과를 완성한 뒤, 내부의 빈 공간을 만들기 위해서 Modify ▶ Shell
명령을 수행합니다.

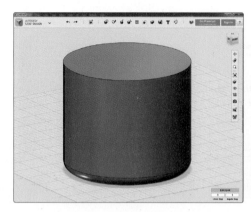 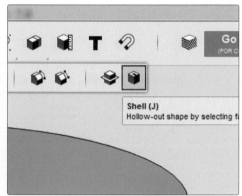

**4** Shell 명령을 수행한 뒤, 상부 면을 클릭하고 Thickness Inside 값을 2로 설정하여
내부 공간을 만듭니다.

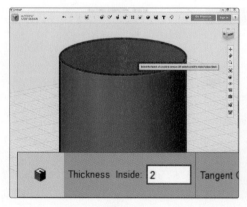 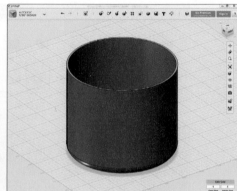

■ 계속해서 아래 도면을 참고하여 케이스 덮개를 모델링해 보겠습니다.

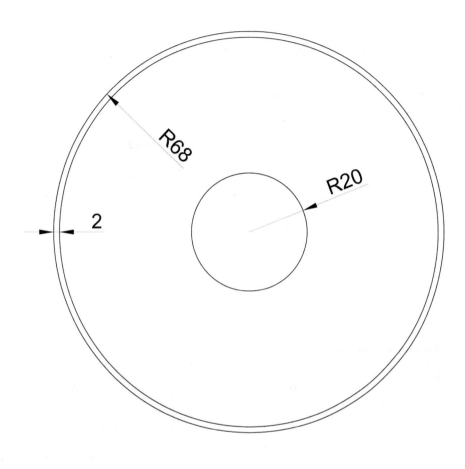

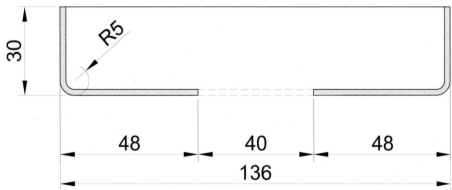

**5** 제시된 도면과 같이 Primitives ▶ Cylinder 명령을 수행하여 반지름: 68, 높이: 30 크기의 원기둥을 작성합니다.

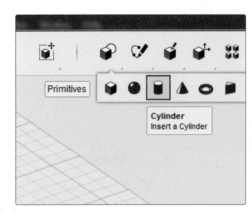 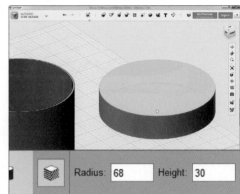

**6** Modify ▶ Fillet 명령을 수행하여 반지름 5로 원기둥의 하단 모서리를 부드럽게 처리합니다.

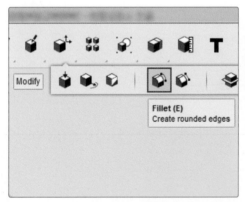 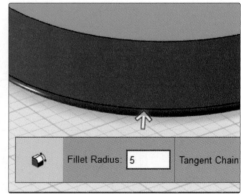

**7** 내부의 빈 공간을 만들기 위해서 Modify ▶ Shell 명령을 수행한 뒤, 상부 면을 클릭하고 Thickness Inside 값을 2로 설정하여 내부 공간을 만듭니다.

 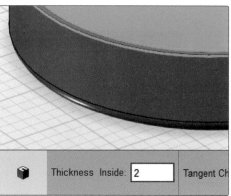

**8** 내부 구멍을 내기 위해 Cylinder 명령을 수행하여 반지름: 20, 높이: 100 크기의 원기둥을 작성한 뒤, 임의의 위치로 이동합니다.

 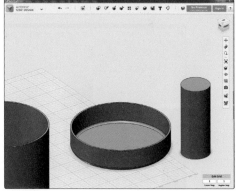

**9** 작성된 개체를 정렬하기 위해서 두 개체를 모두 선택한 뒤, Transform ▶ Align 명령을
수행합니다. 나타나는 조절점 중에 X, Y축의 중앙 점을 클릭하여 가운데 정렬을
수행합니다.

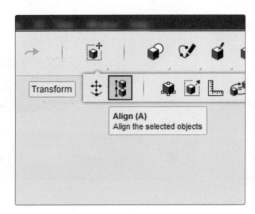 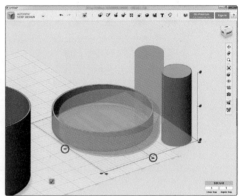

**10** 아래 그림과 같이 정렬한 뒤, Move/Rotate 명령을 이용하여 −Z축 방향으로 일정
거리를 이동합니다.

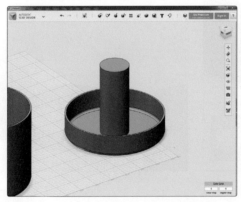 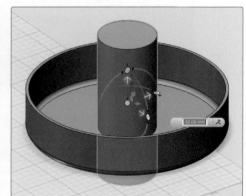

**11** 구멍을 만들기 위해서 Combine ▶ Subtract 명령을 수행합니다. 가장 먼저 Target Solid/Mesh 개체를 큰 원기둥을 선택합니다.

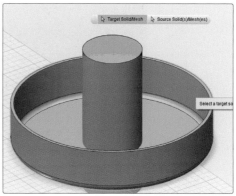

**12** 계속해서 Source Solid/Mesh 개체를 작은 원기둥을 선택하여 아래 그림과 같은 결과를 만듭니다.

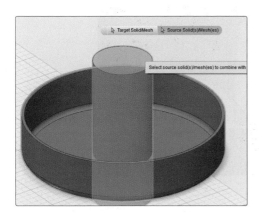
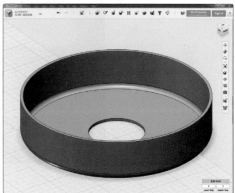

 (05\007.123dx)

**13** 완성된 2개의 모델링 데이터를 각각 STL 포맷으로 저장한 뒤, 슬라이싱 작업을 통해 출력을 진행합니다.

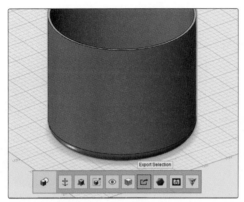 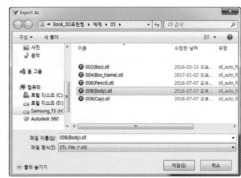

📁 (05\008(Body).stl) / (05\009(Cap).stl)

**14** 최종 출력된 결과물

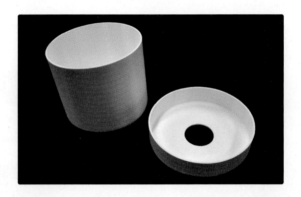

**15** 출력된 3D 프린팅 결과와 응용하여 완성된 휴지 케이스

 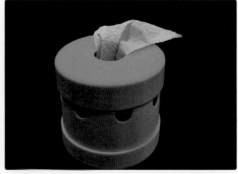

# 하노이 탑 형태의 간단한 교구 제작

이번에는 아래 그림과 같이 하노이 탑 형태의 간단한 교구를 제작해 봅시다.

📁 (05\010.123dx) / (011_1.stl~011_6(Green).stl)

▨ 출력 결과물

■ 작업을 위한 도면 및 치수(1)

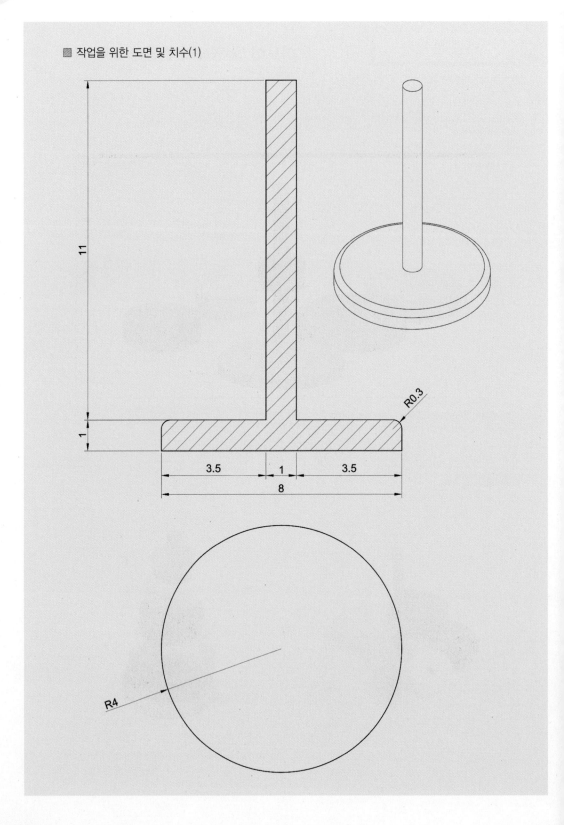

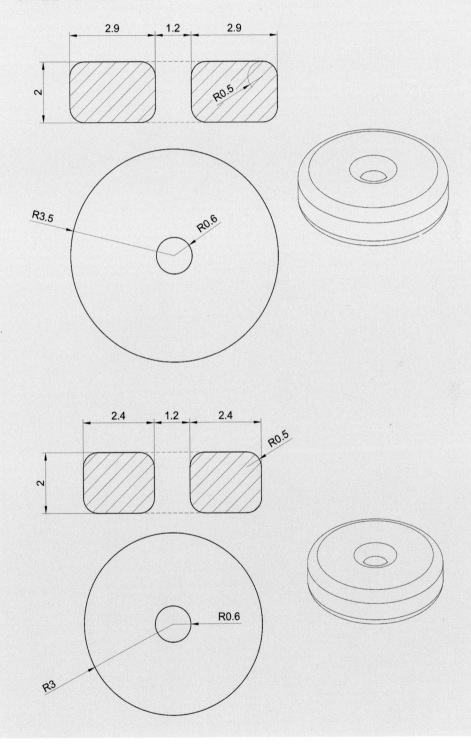

■ 작업을 위한 도면 및 치수(3)

1,9   1,2   1,9

R0,5

2

R0,6

R2,5

1,4   1,2   1,4

R0,5

2

R0,6

R2

0,9   1,2   0,9

R0,5

2

R0,6

R1,5

120

# 휴대폰 거치대 만들기

SECTION    1. 휴대폰 거치대 만들기

# 휴대폰 거치대 만들기

이번 예제에서는 3D 프린팅 교육에서 가장 많이 활용되고 있는 대표적인 예제인 동물 모양의 휴대폰 거치대를 만들어 보겠습니다.

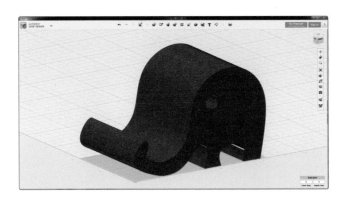

▨ 다양한 디자인의 동물 모양의 휴대폰 거치대

**1** 이번 예제는 2D 드로잉이 가장 중요한 연습 내용입니다. 123D Design에서 제공하는 Sketch 명령을 이용하여 코끼리 형태의 드로잉 작업을 진행하겠습니다. 먼저 화면 우측 하단에 위치한 Edit Grid 버튼을 클릭하여 나타나는 Units and Grid 대화상자에서 작업 창의 크기를 80×50mm로 설정합니다.

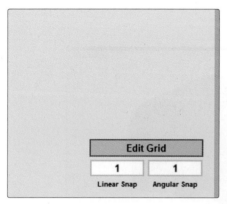 

**2** 2D 드로잉 작업을 위해 뷰큐브를 이용하여 작업 창의 시점을 Top 뷰로 설정합니다.

 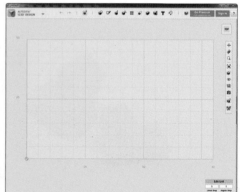

**3** 이제 드로잉 작업을 시작해 보겠습니다. Sketch ▶ Spline, Polyline 등의 명령을 수행하여 코끼리 형태의 드로잉 작업을 진행합니다.

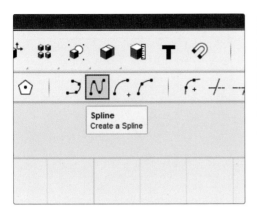
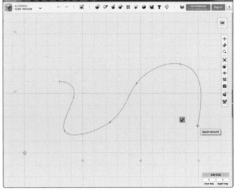

**4** 아래 그림과 같이 2D 코끼리 형상을 작도합니다. 중요한 점은 반드시 폐곡선으로 구성되어 내부 면이 만들어 져야 합니다.

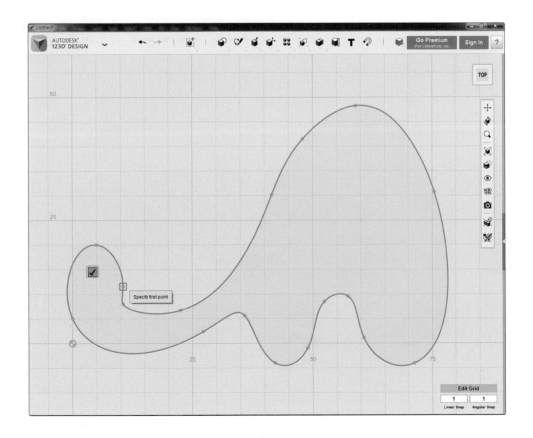

**5** 작성된 2D 스케치 도형을 클릭하면 아래 그림과 같이 베지어 곡선(Bezier Curve)의 형태가 나타나며, 조절점의 위치 및 곡률 반경을 수정할 수 있습니다. 작성된 코끼리 형태를 변경하여 원하는 모양을 만들어 줍니다.

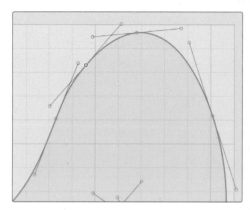 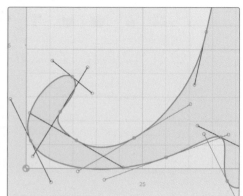

**6** 아래 그림과 비슷한 형태의 모양을 완성해 줍니다.

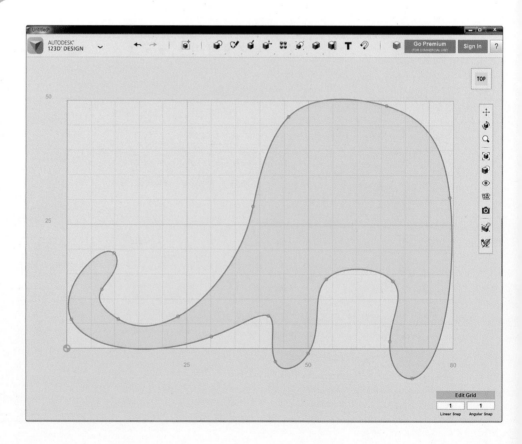

**7** 계속해서 이번에는 작성된 개체가 반듯하게 서있을 수 있도록 하단부의 형태를 수평으로 만들기 위한 기준 개체를 제작해 보도록 하겠습니다. Sketch ▶ Polyline 명령을 수행합니다. Polyline 개체가 작성된 코끼리 개체에 작성되어야 하기 때문에 Click on grid, sketch or solid face to start sketching 옵션이 나타날 때 반드시 앞에서 작성된 개체를 선택해 주어야 합니다.

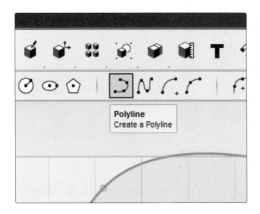
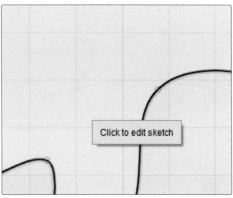

**8** 작성될 평면을 지정한 뒤, 아래 그림과 같이 직선을 그려 줍니다.

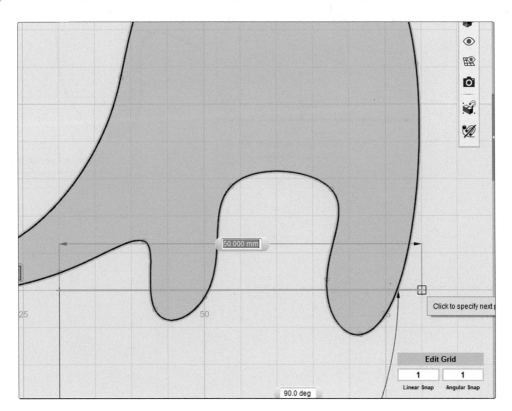

9 불필요한 부분을 잘라내기 위해 Sketch ▶ Trim 명령을 수행합니다. Trim 명령을 수행한 뒤, 잘라내기 위한 기준 개체를 선택(Click to edit sketch)해 줍니다.

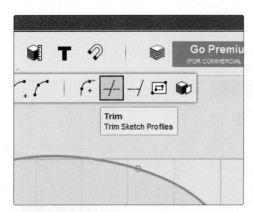 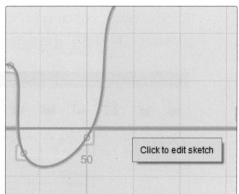

10 이제 아래 그림과 같이 불필요한 부분(Select curve section to trim)을 선택하여 잘라내 줍니다.

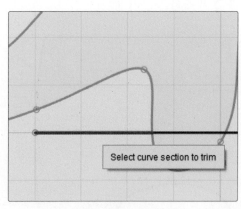 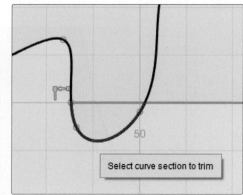

**11** 아래 그림과 같은 결과를 만들어 줍니다.

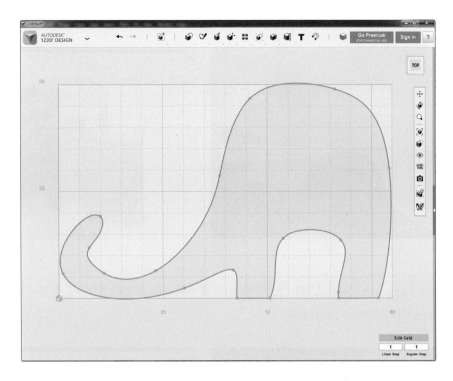

**12** 2D 스케치를 완성한 뒤, 아래 그림과 같이 시점을 변경해 줍니다. 이제 3D 개체로 제작하기 위해서 Construct ▶ Extrude 명령을 수행해 줍니다.

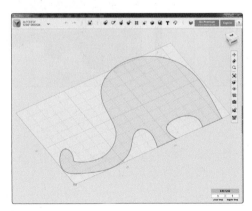 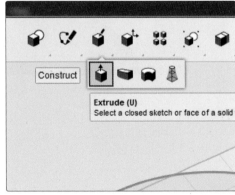

Sketch 메뉴로 작성된 2차원 도형을 편집하는 방법은 여러 가지 방법이 있습니다. 다만 단일 개체로 작성된 개체와 다중 개체로 작성된 개체는 편집 방법이 다르기 때문에 여러 작업을 통해 개체의 속성을 이해해 보시기 바랍니다.

13 Extrude 명령을 수행한 뒤, 돌출 높이를 50mm로 설정하여 아래 그림과 같은 3D 형태를 만듭니다.

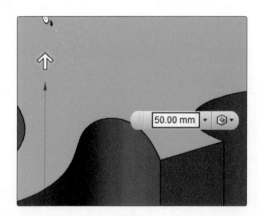 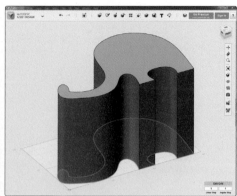

14 이제 Sketch ▶ Sketch Circle 명령을 수행하여 3D 코끼리 형태의 상부 면에 반지름 8mm 크기로 원을 그립니다.

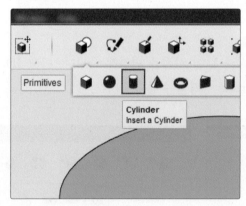 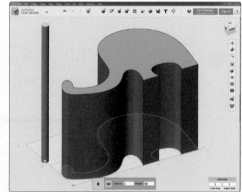

**15** 원을 작성한 뒤, Modify ▶ Press Pull 명령을 수행한 뒤, 아래 그림과 같이 작성된 면을 드래그하여 동그란 구멍을 만듭니다.

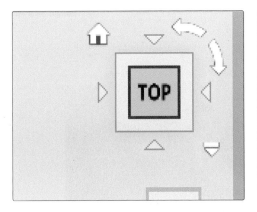 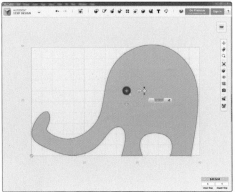

**16** 아래 그림과 같은 결과를 만듭니다.

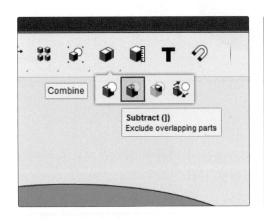 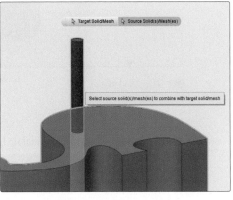

📁 (06\003.123dx)

**17** Export Selection 명령을 수행하여 작성된 데이터를 STL 포맷의 파일로 만듭니다.

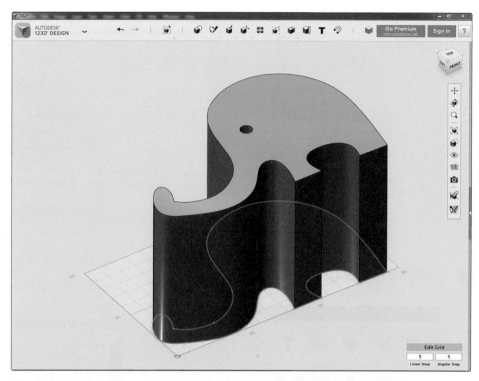

📁 (06\004.stl)

**18** 아래 그림과 같이 Makerbot Desktop을 실행하여 불러온 뒤, 슬라이싱 작업을 수행하여 출력을 위한 변환 작업을 수행합니다.

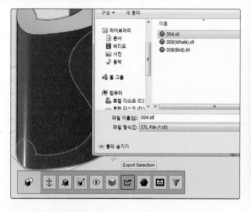 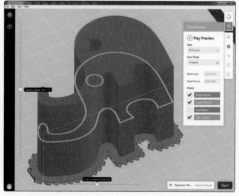

**19** 변환된 파일을 이용하여 아래 그림과 같이 출력을 진행합니다.

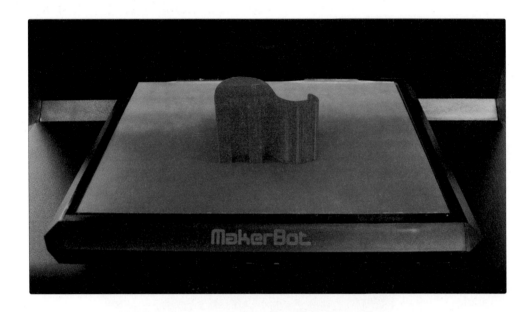

**20** 최종 완성된 코끼리 형태의 핸드폰 거치대

# 동물 모양(고래)의 휴대폰 거치대 제작

이번에는 아래 그림과 같이 동물 모양(고래)의 휴대폰 거치대를 제작해 봅시다.

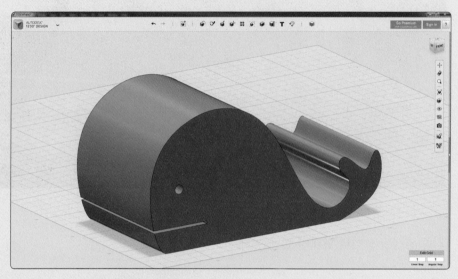

(06\005(Whale).123dx, 006(Whale).stl)

# 동물 모양(새)의 휴대폰 거치대 제작

이번에는 아래 그림과 같이 동물 모양(새)의 휴대폰 거치대를 제작해 봅시다.

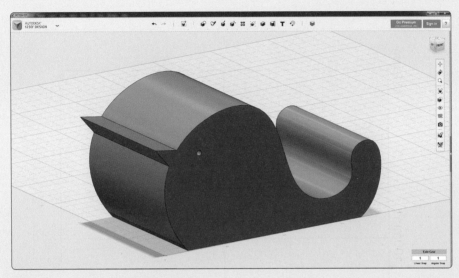

📁 (06\007(Bird).123dx, 008(Bird).stl)

# 디자인 휴대폰 거치대 제작

이번에는 아래 그림의 모눈종이에 자신이 직접 휴대폰 거치대를 스케치한 뒤, 이를 바탕으로 모델링하여 휴대폰 거치대를 제작해 봅시다.

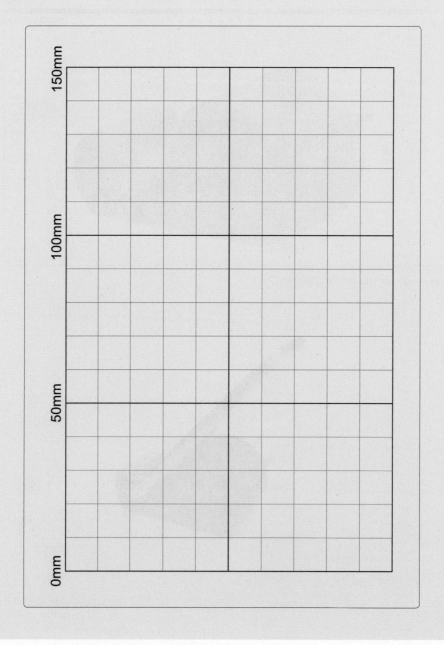

PART

# 7

# 유아용 장난감 만들기

# 구슬(볼, Ball) 제작

아래 그림과 같은 유아용 교구(Spin & Swirl)를 만들어 보겠습니다. 조금 복잡하고 약간의 공학적 지식이 요구되며, 정확한 치수 개념이 포함되어 있기 때문에 정확하게 작업을 진행해야 합니다. 가장 먼저 아래 그림과 같이 구슬(구 형태)을 제작해 보겠습니다.

▨ 교구 전체 중의 부품 위치 및 제작 치수

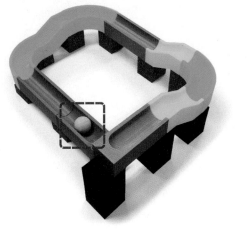

1 빈 작업 창에서 Primitives ▶ Sphere 명령을 수행한 뒤, 반지름을 13으로 설정하여 교구 제작을 위한 구를 작성합니다.

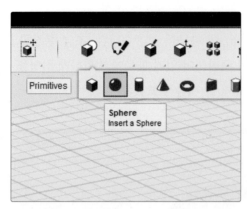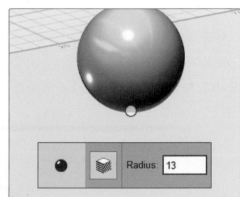

(07\001(Ball).123dx)

2 아래 그림과 같이 구를 작성한 뒤, Export Selection 명령을 수행하여 STL 포맷의 파일을 작성합니다.

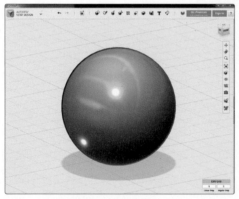

 (07\001(Ball).stl)

**3** Makerbot Desktop에서 앞에서 작성된 STL 포맷의 파일을 불러옵니다. 출력을 위한 환경 설정을 위해 Settings 명령을 수행합니다.

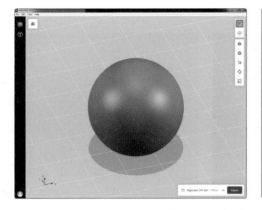 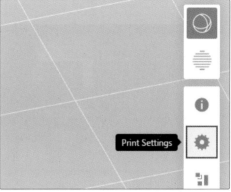

**4** 아래 그림과 같이 Print Settings 대화상자가 나타나면 이번에는 서포트를 생성하기 위해 Support 옵션을 설정합니다. 옵션값을 설정한 뒤, 슬라이싱 작업을 수행합니다.

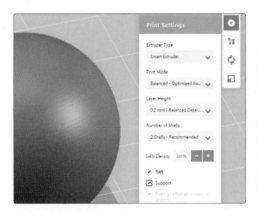 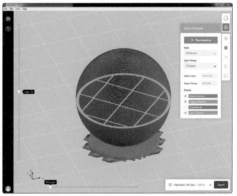

**5** 슬라이싱 데이터를 3D 프린터에 복사한 뒤, 출력을 진행합니다. 출력 결과를 확인해 보면 개체의 형태가 원형이기 때문에 앞에서 설정한 서포트가 같이 출력된 모습을 확인할 수 있습니다.

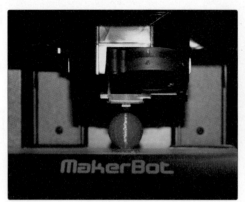 

# 수평 궤도(경로) 제작

이번에는 아래 그림과 같이 전체 교구 부품 중에서 수평 궤도(경로)를 제작해 보겠습니다.

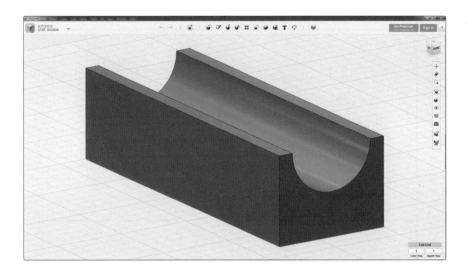

▨ 교구 전체 중의 부품 위치 및 제작 치수

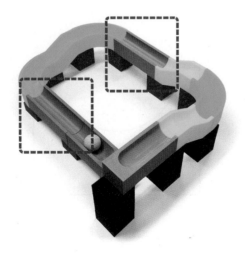

■ 작업을 위한 도면 및 치수

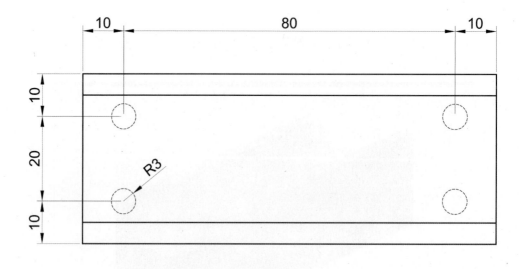

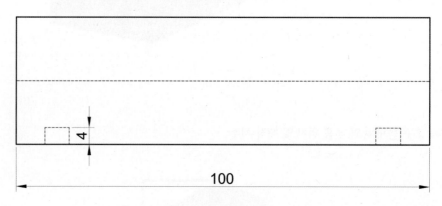

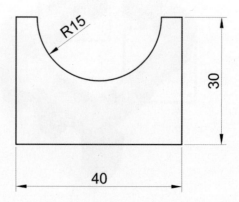

**1** Box 명령을 이용하여 40×100×30 크기의 육면체를 작성합니다.

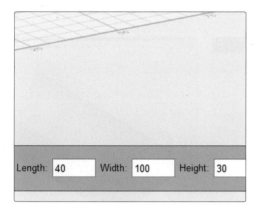
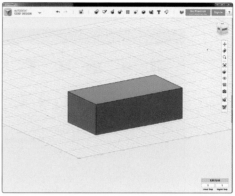

**2** 계속해서 Cylinder 명령을 이용하여 Radius: 15, Height: 100 크기의 원통을 작성한 뒤, 회전, 이동하여 아래 그림과 같이 위치시킵니다.

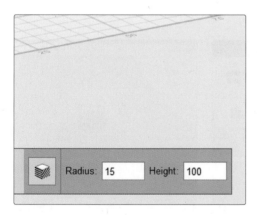
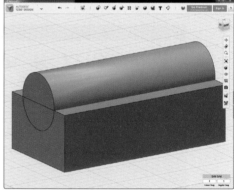

**3** Combine ▶ Subtract 명령을 수행하여 아래 그림과 같이 육면체에서 원통 개체를 제거합니다.

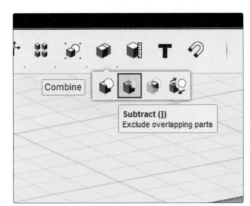 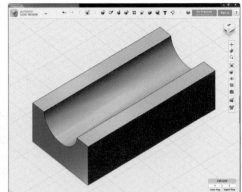

**4** 계속해서 시점을 아랫면이 보이도록 설정한 뒤, Cylinder 명령을 이용하여 Radius: 3, Height: 4 크기의 원통을 작성합니다.

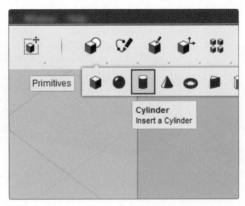 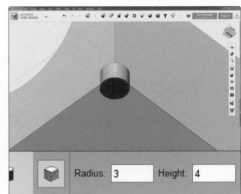

**5** 도면을 참고하여 작성된 위치에서 10mm, 10mm 안쪽으로 이동한 뒤, 아래 그림과
같이 대칭으로 복사합니다.

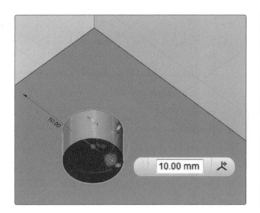 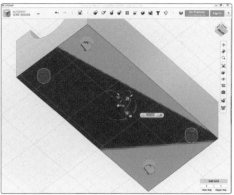

**6** 계속해서 Subtract 명령을 수행하여 기준 개체를 이용해 아래 그림과 같이 하단 면에
구멍을 뚫습니다.

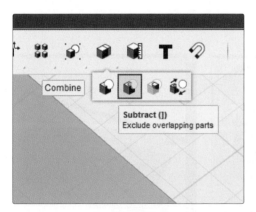 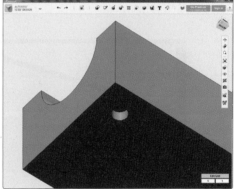

**7** 나머지도 동일한 방법으로 나머지 구멍을 뚫어 준 뒤, Export Selection 명령을 수행하여 출력을 위한 STL 포맷의 파일을 만듭니다.

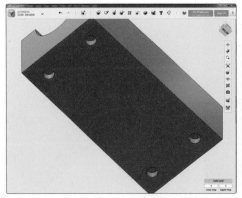

📁 (07\002(Line).123dx / 002(Line).stl)

**8** 완성된 STL 포맷의 파일을 슬라이싱 프로그램인 Makerbot Print로 불러옵니다. 아래 그림과 같이 준비된 개체를 회전하여 배치한 뒤, 슬라이싱 작업을 수행하여 출력합니다.

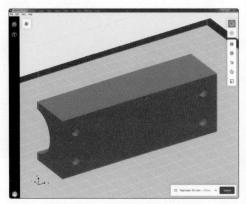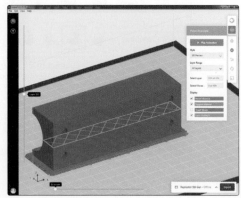

 얼핏 보면 내부에 구멍이 있기 때문에 서포트(Support)가 필요해 보입니다. 엄밀히 말씀드리면 서포트가 필요하지만 아주 작은 돌출 개체의 경우 서포트 없이도 어느 정도 출력되기 때문에 작성하지 않는 것이 오히려 유리한 경우가 많습니다.

9 슬라이싱 데이터를 3D 프린터에 복사한 뒤, 출력을 진행합니다. 출력 결과를 확인해 보면 앞에서 설명한 바와 같이 아주 작은 요철의 경우 서포트(Support) 없이도 어느 정도 출력되는 모습을 확인할 수 있습니다.

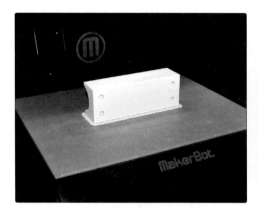 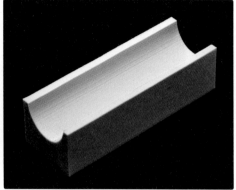

# 시작, 끝 궤도(경로) 제작

이번에는 제시된 도면을 이용하여 아래 그림과 같이 전체 교구 부품 중에서 시작과 끝의 궤도(경로)를 제작해 보겠습니다.

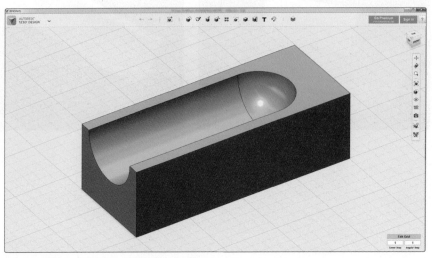

📁 (07\003(Start).12 dx, 003(Start).stl)

▨ 교구 전체 중의 부품 위치 및 제작 치수

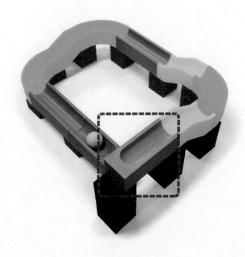

150

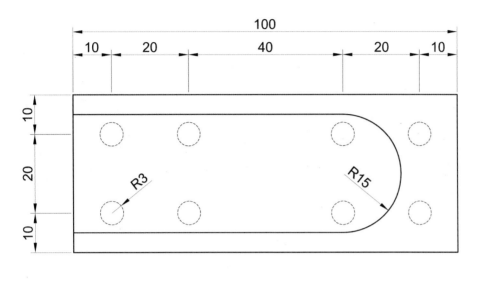

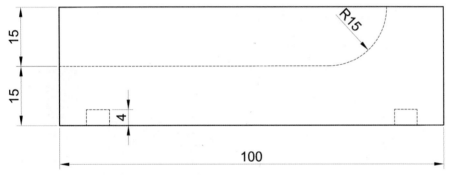

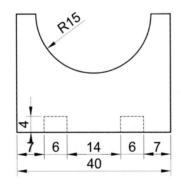

**1** Box 명령을 이용하여 40×100×30 크기의 육면체를 작성합니다.

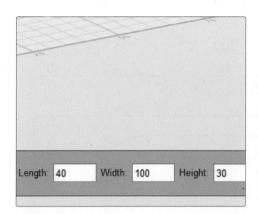 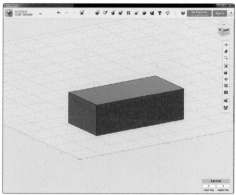

**2** 계속해서 Cylinder 명령을 이용하여 Radius: 15, Height: 70 크기의 원통을
작성합니다.

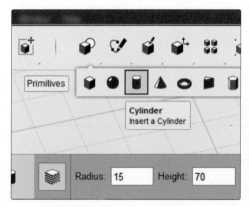 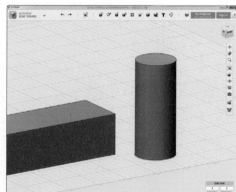

3    이번에는 Sphere 명령을 이용하여 반지름 15 크기의 구를 작성한 뒤, 아래 그림과 같이
위치시킵니다.

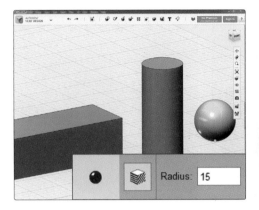 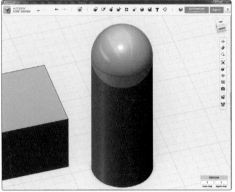

4    Combine ▶ Merge 명령을 수행하여 아래 그림과 같이 원기둥과 구의 개체를 하나의
개체로 묶습니다.

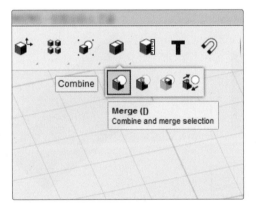 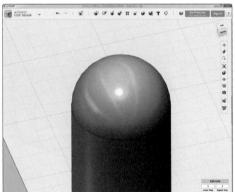

**5** 작성된 개체를, 회전, 이동하여 아래 그림과 같이 위치한 뒤, Subtract 명령을 이용하여 그림과 같이 육면체에서 원통 개체를 제거합니다.

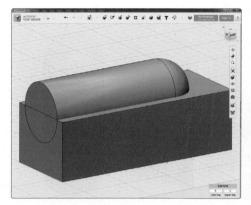 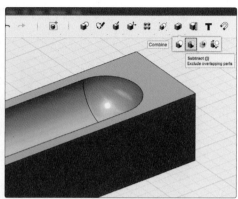

**6** 마지막으로 도면을 참고하여 앞에서 수행한 방법을 이용하여 아래 그림과 같이 하단 면에 구멍을 뚫습니다.

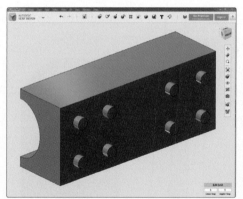 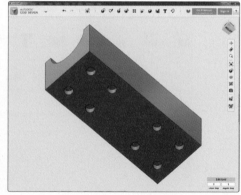

(07\003(Start).123dx)

**7** Export Selection 명령을 수행하여 출력을 위한 STL 포맷의 파일로 저장한 뒤, 슬라이싱 작업을 수행하여 출력합니다.

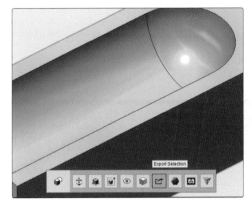 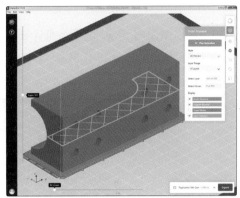

📁 (07\003(Start).stl)

**8** 슬라이싱 데이터를 3D 프린터에 복사한 뒤, 출력을 진행하여 결과를 확인합니다.

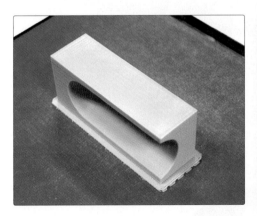 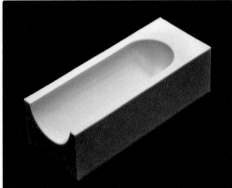

SECTION 4

# 하부 지지대 제작

이번에는 별도의 설명 없이 앞에서 제작한 방법을 응용하여 제시된 도면을 통해 아래 그림과 같이 전체 교구 부품 중에서 하부 지지대를 제작합니다.

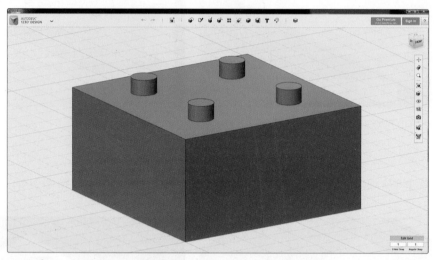

📁 (07\004(Box.123dx, 004(Box).stl)

▨ 교구 전체 중의 부품 위치 및 제작 치수

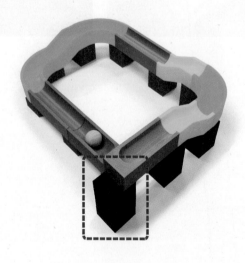

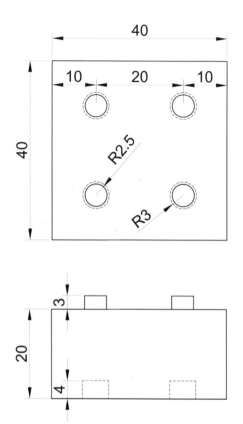

▨ 모델링 결과를 슬라이싱한 뒤, 출력을 진행하여 결과를 확인합니다.

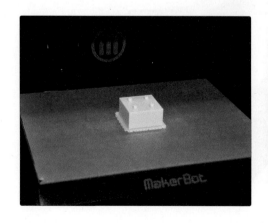

SECTION 5

# 곡선 궤도(경로) 제작

이번에는 아래 그림과 같이 전체 교구 부품 중에서 곡선 궤도(경로)를 제작해 보겠습니다.

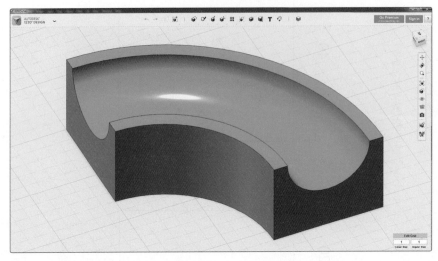

(07\005(Curve).123dx, 005(Curve).stl)

▨ 교구 전체 중의 부품 위치 및 제작 치수

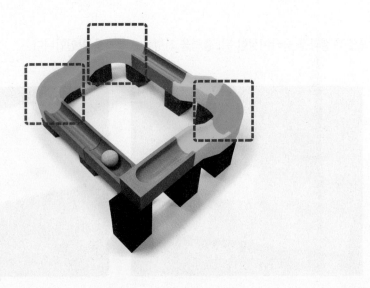

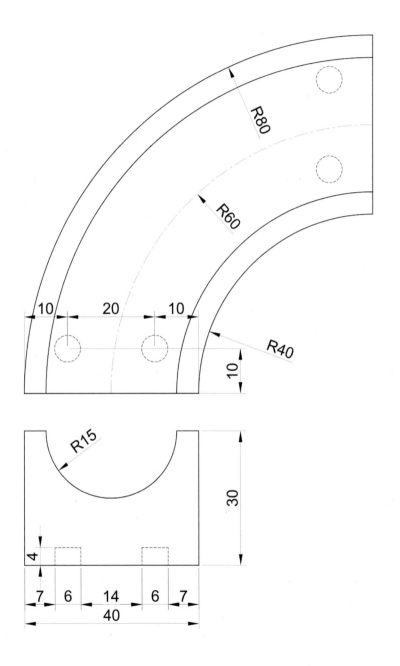

**1** 먼저 빈 작업창에서 40×30mm 크기의 사각형을 작성한 뒤, 아래 그림과 같이 작성된 사각형 개체 위에 지름 30mm 크기의 원을 그립니다.

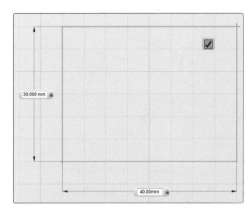 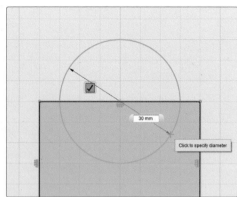

**2** 계속해서 Trim 명령을 이용하여 그림과 같은 형태의 도형을 만듭니다.

 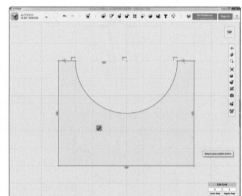

**3** 이번에는 Two Point Arc 명령으로 반지름 60mm 크기의 호를 그린 뒤, 앞에서 작성된 개체를 회전, 이동시켜 아래와 같은 위치로 이동합니다.

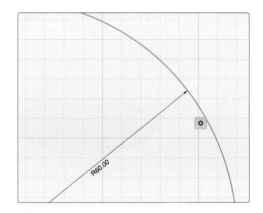
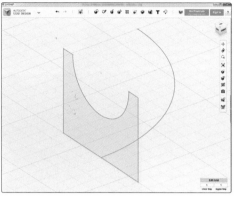

**4** 기준 개체를 완성한 뒤, Construct ▶ Sweep 명령을 수행한 뒤, 준비된 기준 개체를 이용하여 아래와 같은 곡선 궤도(경로) 형태의 개체를 완성합니다. 단면 개체를 프로파일(Profile)로 설정하고 호 개체를 경로(Path)로 설정하여 3D 모델링을 작성합니다.

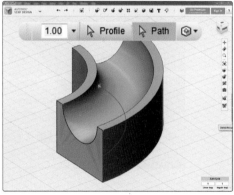

**5** 계속해서 도면을 참조하여 앞에서 작업한 동일한 방법으로 그림과 같이 아랫면의 4개의 구멍 형태를 만듭니다.

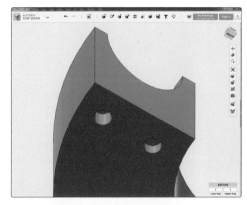 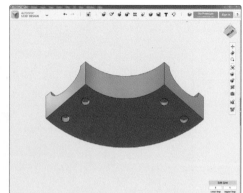

(07\005(Curve).123dx)

**6** Export Selection 명령을 수행하여 출력을 위한 STL 포맷의 파일로 저장한 뒤, 슬라이싱 작업을 수행하여 출력합니다.

 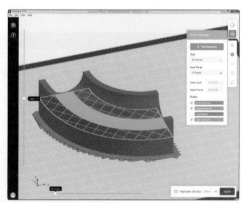

(07\005(Curve).stl)

**7** 슬라이싱 데이터를 3D 프린터에 복사한 뒤, 출력을 진행하여 결과를 확인합니다.

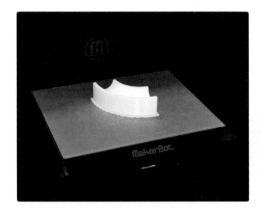
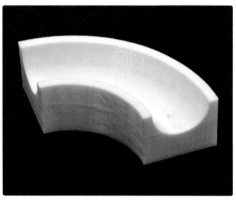

SECTION 6

# 경사 궤도(경로) 제작

이번에는 제시된 도면을 이용하여 아래 그림과 같이 전체 교구 부품 중에서 경사 궤도(경로)를 제작합니다.

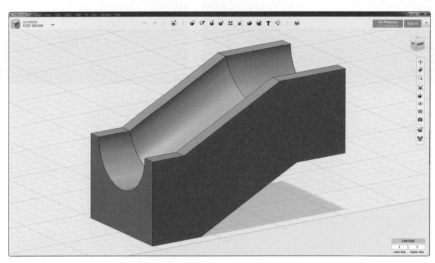

📁 (07\006(Slope)123dx, 006(Slope).stl)

▨ 교구 전체 중의 부품 위치 및 제작 치수

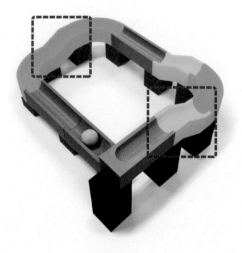

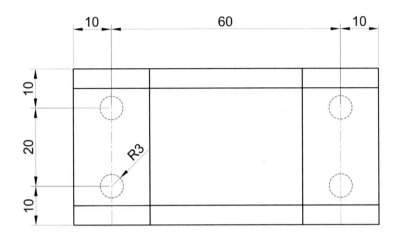

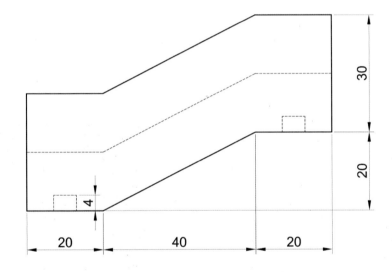

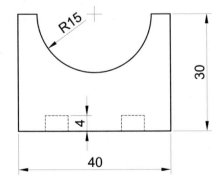

**1** 기준 개체를 완성한 뒤, Construct ▶ Sweep 명령을 이용하여 아래와 같은 직선 궤도(경로) 형태의 개체를 완성합니다. 이번 작업에서도 단면 개체를 프로파일 (Profile)로 설정하고 직선의 경로 개체를 경로(Path)로 설정하여 3D 모델링을 작성합니다.

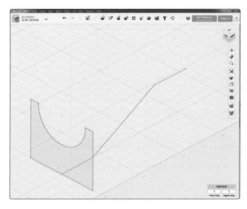 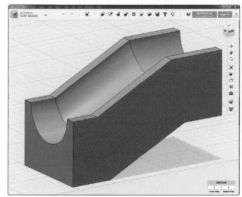

(07\006(Slope).123dx)

**2** 3D 모델링 결과를 슬라이싱한 뒤, 출력을 진행하여 결과를 확인합니다.

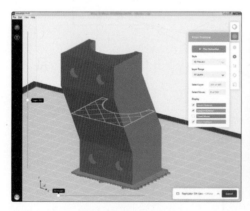 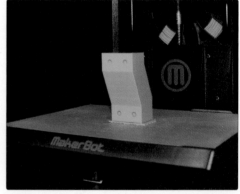

(07\006(Slope).stl)

# 최종 완성된 교구의 모습

# 화병 만들기

# 화병 만들기

이번 예제에서는 Autodesk의 123D Design의 Loft 명령을 이용하여 아래 그림과 같은 비선형 형태의 간단한 화병을 만들어 보겠습니다.

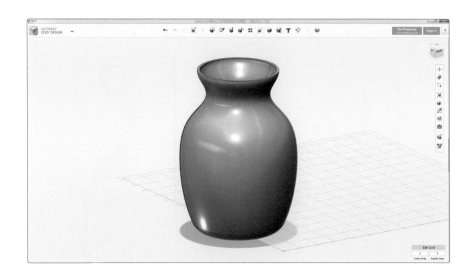

▨ 다양한 형태의 화병 출력물

**1** 우선 아래 도면을 참고하여 화병 제작을 위한 기준 개체를 작성해 보겠습니다.

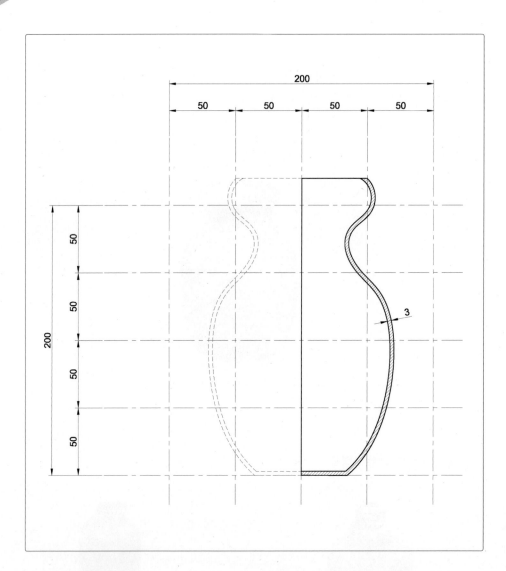

**2** 우선 시점을 TOP 뷰로 변경한 뒤, 뷰큐브(ViewCube)에서 Orthographic 명령을 수행하여 작업 시점을 정사형 시점으로 변경합니다.

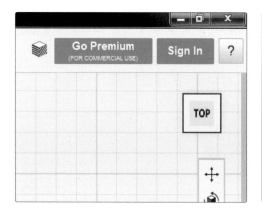 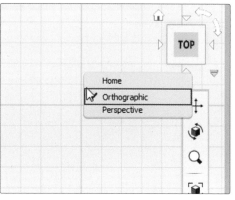

**3** 이제 앞에서 제시된 도면의 치수와 비슷하게 회전하여 모델링이 완성될 수 있도록 기준 개체를 그리겠습니다. Sketch ▶ Spline 명령을 수행한 뒤, 그림과 같이 회전 단면 기준 개체를 그립니다.

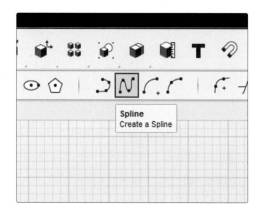 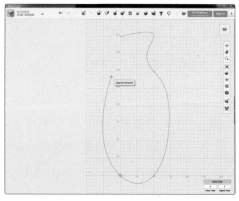

**4** Spline 명령을 이용하여 완벽한 단면 개체를 그리는 것은 어렵기 때문에 일단 치수에 맞게 아래 그림과 같이 작성합니다.

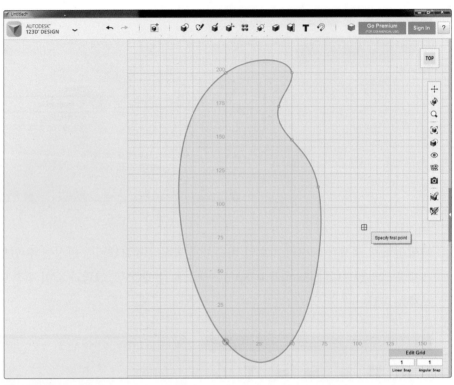

(08\001.123dx)

**5** 먼저 상부를 잘라 내기 위해 Sketch ▶ Polyline 명령을 수행하여 직선을 작성해 보겠습니다. 직선을 작성하기 위해서 Spline 명령을 수행하면 아래 그림과 같이 'Select Sketch Plane or click to define the plane' 메시지가 나타납니다.

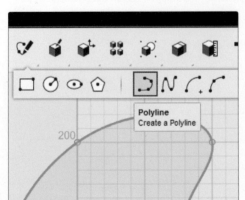
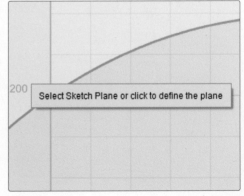

**6** 이때 가장 중요한 점은 반드시 앞에서 작성한 개체를 선택한 뒤, 아래 그림과 같이 직선을 작성해 주어야 한다는 점입니다.

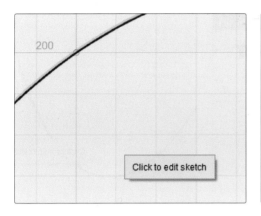
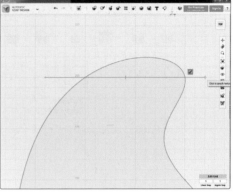

**7** 불필요한 부분을 잘라내기 위해서 Sketch ▶ Trim 명령을 수행하여 아래 그림과 같이 상부 곡선 부분의 개체를 잘라냅니다.

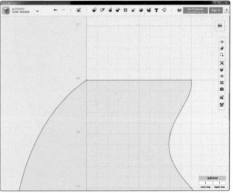

**8** 계속해서 Polyline 명령을 수행한 뒤, 직선을 작성하기 위해서 앞에서 작성한 개체를 선택합니다.

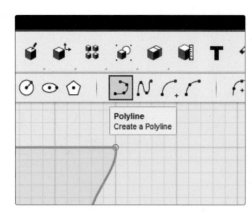
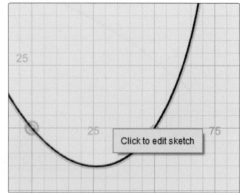

**9** 아래 그림과 같이 직선을 작성한 뒤, Trim 명령을 수행하여 하부 곡선 부분의 개체를 잘라 냅니다.

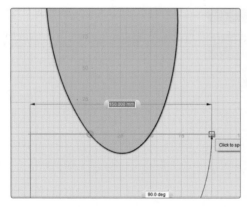
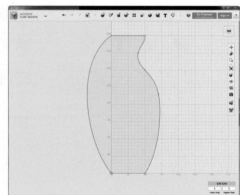

**10** 앞에서 수행한 동일한 방법으로 Polyline, Trim 명령을 이용하여 기준 개체를 작성을 완료합니다.

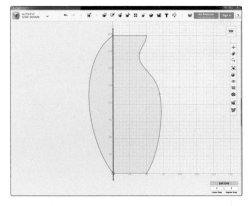 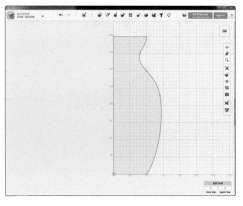

📁 (08\002.123dx)

**11** 아래 그림과 같이 시점을 변경한 뒤, 회전 명령을 수행하기 위해 Construct ▶ Revolve 명령을 클릭합니다.

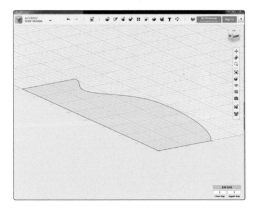 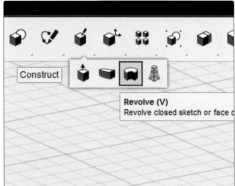

**12** 아래 그림과 Profile 옵션을 클릭한 뒤, 회전하기 위한 기준 개체를 선택합니다.

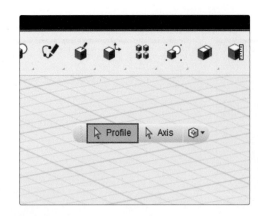
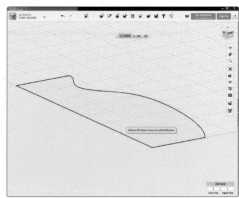

**13** 계속해서 이번에는 Axis 옵션을 선택한 뒤, 회전축으로 지정할 직선 개체를 선택합니다.

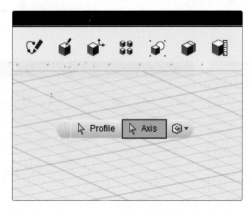
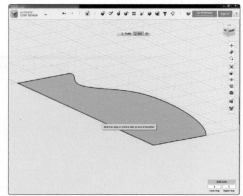

**14** 아래 그림과 같이 회전각을 드래그하면 원하는 각도만큼 개체를 회전하여 모델링을 수행할 수 있습니다. 완전 회전체를 만들기 위해서 각도 입력 창에서 360°를 입력해야 합니다.

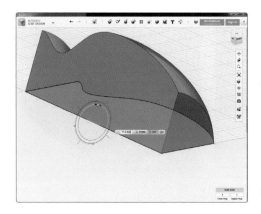 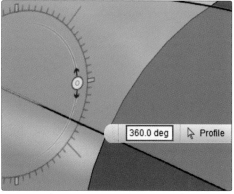

**15** 아래 그림과 같은 결과가 만들어진 것을 확인할 수 있습니다. 조금 더 부드럽게 다듬기 위해서 Modify ▶ Fillet 명령을 수행합니다.

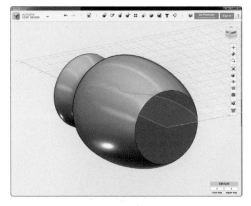 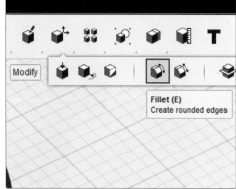

**16** Fillet 명령을 수행한 뒤, Fillet Radius 값을 20으로 설정하고 아래 그림과 하단 모서리를 클릭합니다.

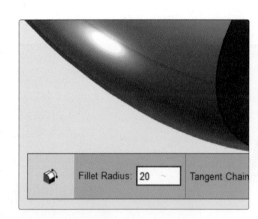 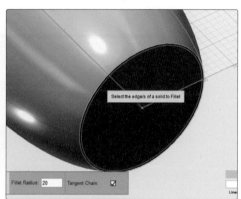

**17** 아래 그림과 같은 결과를 만들 수 있습니다.

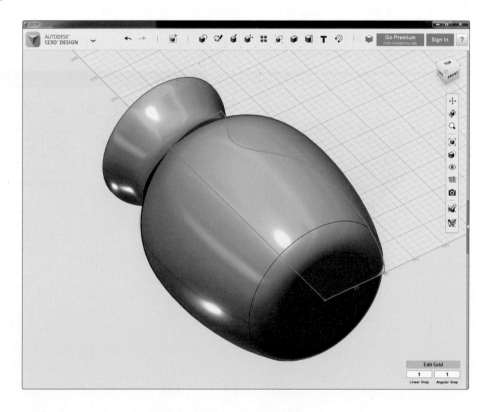

**18** 아래 그림과 같이 시점을 변경한 뒤, 내부를 비우기 위해서 Modify ▶ Shell 명령을 수행합니다.

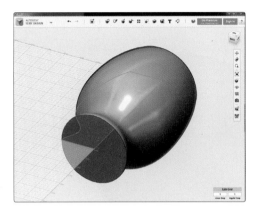

**19** Shell 명령을 수행한 뒤, 나타나는 옵션 창에서 Thickness Inside 값을 3mm로 설정하고 방향(Direction)을 Inside로 설정한 뒤, 아래 그림과 같이 면을 선택합니다.

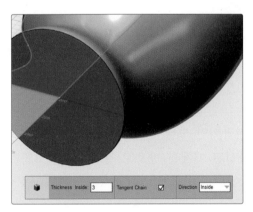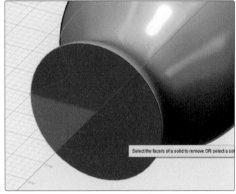

**20** 아래 그림과 같은 결과가 완성된 것을 확인할 수 있습니다.

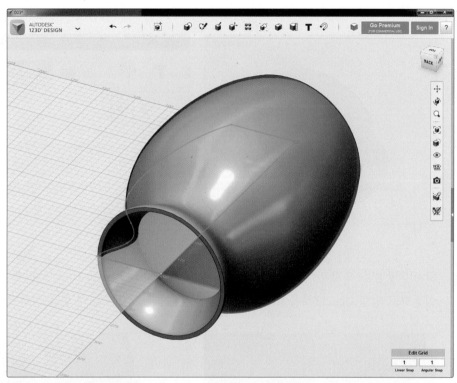

(08\003.123dx)

**21** 개체의 크기가 너무 크기 때문에 일반적인 보급형 3D 프린터를 이용하여 한 번에
출력하기는 어렵습니다. 따라서 작성된 개체를 반으로 잘라 낸 뒤, 2개의 개체를
각각 출력해 보겠습니다. 개체를 반으로 잘라 내기 위해서 Polyline 명령을 수행해야
합니다.

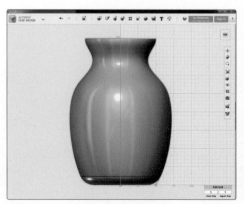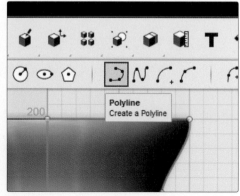

**22** Polyline 명령을 이용하여 아래 그림과 같이 잘라내기 위한 기준 개체를 그립니다.

**23** 작성된 직선을 이용하여 개체를 분할하기 위해 Modify ▶ Split Solid 명령을 수행합니다. 나타나는 옵션창에서 Body to Split 옵션을 선택한 뒤, 작성된 화병 개체를 선택합니다.

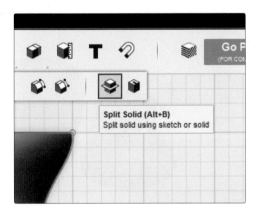

**24** 계속해서 이번에는 Splitting Entity 옵션을 선택한 뒤, 그려진 직선 개체를 선택합니다.

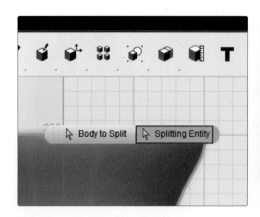
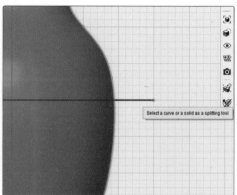

**25** 아래 그림과 같이 직선을 기준으로 화병 개체가 절단된 모습이 보입니다. 이제 화병을 이동, 회전하여 아래 그림과 같이 배치합니다.

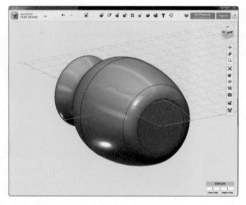
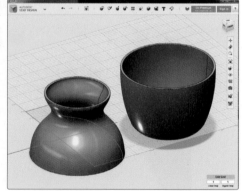

📁 (08\004.123dx)

**26** 이제 Export Selection 명령을 수행하여 2개의 개체를 각각 STL 포맷의 파일로 저장합니다.

 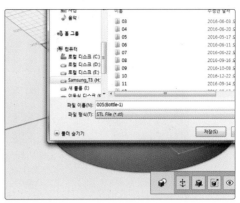

📁 (08\005(Bottle-1).stl) / (08\006(Bottle-2).stl)

**27** 출력을 위해 Makerbot Print를 실행한 뒤, 2개의 STL 파일의 슬라이싱(Slicing) 작업을 진행하여 출력을 위한 데이터로 변환합니다.

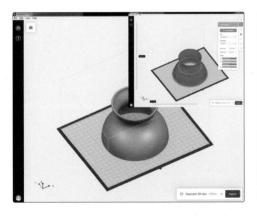 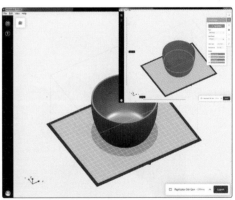

 모델링 데이터의 크기가 크고 곡선으로 구성되어 있기 때문에 변환 시간이 상당히 오래 걸립니다. 에러가 아님에 주의하시기 바랍니다.

**28** 변환된 데이터를 이용하여 아래 그림과 같이 2개의 변환 데이터를 이용하여 각각 따로 출력을 진행합니다.

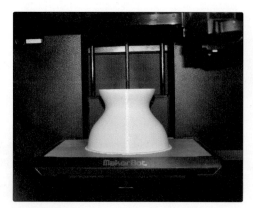 

**29** 2개의 출력 결과물을 이용하여 본딩, 샌딩, 퍼티 및 도장 작업의 후 가공 작업을 진행하겠습니다. 먼저 출력물 2개를 접착제를 이용하여 붙입니다. 3D 프린터는 대단히 정밀한 출력이 가능함에도 2개의 개체를 접착한 부분을 살펴보면 미세한 차이가 보입니다.

**30** 미세하게 발생되는 틈 부분을 퍼티를 이용하여 메워 줍니다. 퍼티가 완전히 건조되고 나면, 사포를 이용하여 작업 부위를 깨끗하게 정리합니다. 손으로 샌딩 작업이 힘들 경우에 전동 공구를 이용하여 작업하면 좀 더 편리하게 진행할 수 있습니다.

 퍼티의 종류는 워낙 다양하기 때문에 어떤 것을 사용해도 괜찮습니다. 다만, 필자의 경우는 빠른 건조, 경화를 위해 프라 모델 작업에서 사용되는 모형 퍼티를 사용하였습니다. 시간적 여유가 있는 분은 인테리어 작업에서 사용되는 퍼티를 사용하면 저렴하게 작업할 수 있으나 경화 시간이 오래 걸리는 단점이 있습니다.

**31** 계속해서 다양한 색상의 표면을 만들기 위해서 라커 스프레이 등을 이용하여 도장 작업을 진행합니다. 도장 이후의 별도의 광택 스프레이 등을 이용하여 표면을 마무리합니다.

**32** 최종 완성된 결과물

 도장 방법의 종류도 워낙 다양하기 때문에 어떤 작업이 좋다고 단정하여 말씀드리기 매우 어렵습니다. 가장 쉬운 방법 중에 하나가 라커 스프레이를 이용하여 작업하는 것이며, 그 외에도 수많은 작업 방식이 있기 때문에 다양한 정보를 이용하여 진행해 보시기 바랍니다.

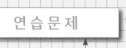 연 습 문 제

# Revolve 명령을 이용한 화병 제작 **1**

앞에서 수행한 방법으로 Sketch, Revolve, Shell 명령을 이용하여 아래 그림과 같은 화병 형태의
결과물을 제작해 봅시다.

▨ 완성된 3D 프린팅 출력 결과물

▨ 화병 모델링에서 주의할 점은 얼핏 보면 아랫부분이 완전히 둥근 형태로 보입니다. 그러나 실제 모든 화병의 경우 반드시 세워져 있어야 하기 때문에 반드시 단면의 하단 부분이 수평으로 구성되어 있어야 합니다.

▨ 아래 그림과 같이 회전을 위한 기준 단면 개체를 작성한 뒤, Revolve 명령을 수행하여 3D 모델링 결과를 완성합니다.

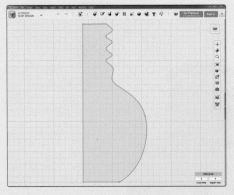

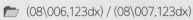 (08\006.123dx) / (08\007.123dx)

# Revolve 명령을 이용한 화병 제작 ②

이번에도 앞에서 수행한 방법을 이용하여 아래 그림과 같은 화병 형태의 결과물을 제작해 봅시다. 더불어 Combine ▶ Subtract 명령을 이용하여 받침대도 추가로 제작합니다.

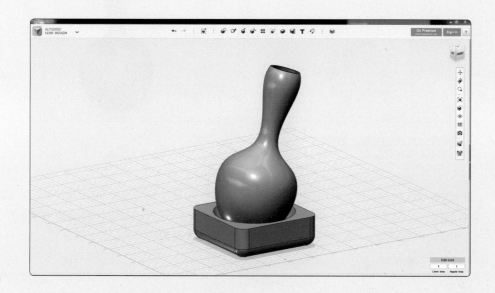

▨ 완성된 3D 프린팅 출력 결과물

▨ 아래 그림과 같이 회전을 위한 기준 단면 개체를 작성한 뒤, Revolve 명령을 수행하여 3D 모델링 결과를 완성합니다.

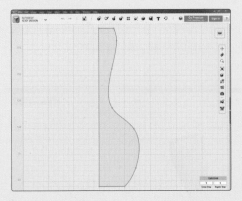 

📁 (08\009.123dx) / (08\010.123dx)

▨ 더불어 Sphere, Box 명령을 이용하여 기준 개체를 작성한 뒤, Subtract 명령을 이용하여 오목한 형태의 구멍을 작성합니다. 더불어 Fillet 명령을 이용하여 모서리를 부드럽게 처리하여 결과물을 제작합니다. 작성되는 받침대의 크기는 화병 크기의 비례하여 작성해 보도록 합니다.

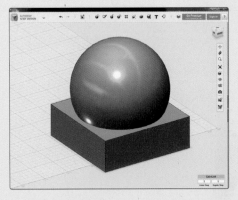 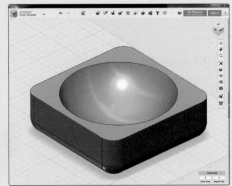

📁 (08\011.123dx)

PART

9

# 비선형 형태의
# 조명 갓,
# 화분 만들기

# 비선형 형태의 조명 갓 만들기

이번 예제에서는 123D Design의 Loft 명령을 학습한 뒤, 아래 그림과 같은 비선형 형태의
간단한 조명 갓을 만들어 보겠습니다.

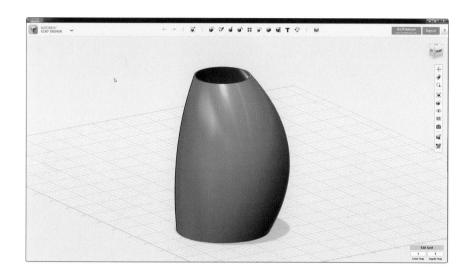

▨ Loft 명령을 이용하여 완성된 비선형 형태의 조명 갓 출력물

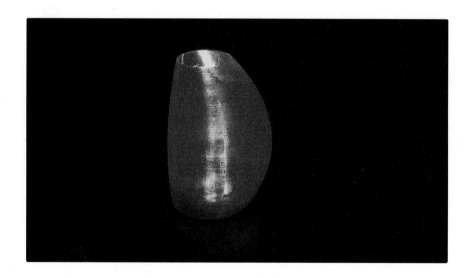

**1** 우선 아래 도면을 참고하여 조명 갓 제작을 위한 기준 개체를 작성해 보겠습니다.

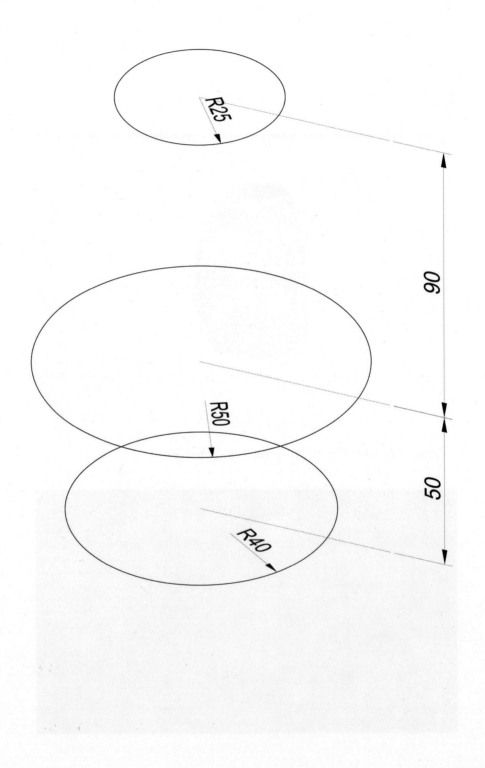

**2** 작업 시점을 아래 그림과 같이 TOP 뷰로 설정한 뒤, Sketch Circle 명령을 이용하여 지름(Diameter) 80mm 크기의 원을 작성합니다.

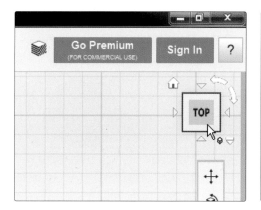 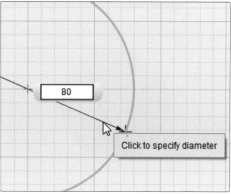

**3** 계속해서 Sketch Circle 명령을 이용하여 아래 그림과 같이 지름(Diameter) 100mm, 50mm 크기의 원을 작성합니다.

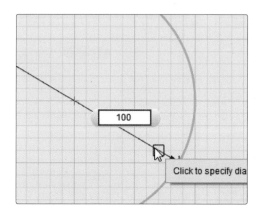 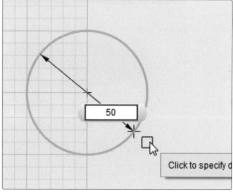

**4** 작성된 3개의 원 개체를 선택한 뒤, Move/Rotate 명령(Ctrl + T)을 이용하여 아래 그림과 같이 중심을 기준으로 위치를 가운데로 정렬합니다.

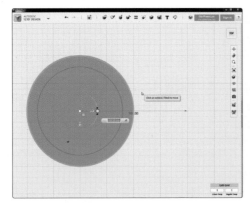
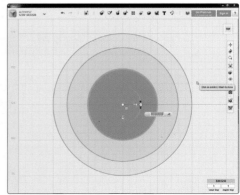

**5** 시점은 아래 그림과 같이 변경한 뒤, 가장 큰 원형 개체를 +Z축 방형으로 50만큼 이동합니다. 계속해서 가장 작은 원형 개체를 +Z축 방형으로 140만큼 이동합니다.

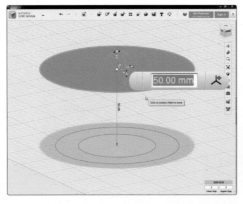
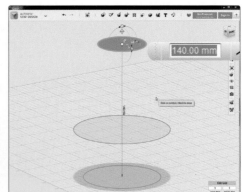

**6** 이번에는 가운데 위치한 원 개체를 선택하여 +X축 방향으로 10mm만큼 이동합니다. 결과를 확인해 보면 작성된 3개의 원 위치가 약간 틀어지게 위치한 모습을 볼 수 있습니다.

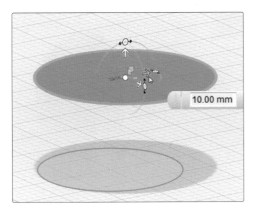 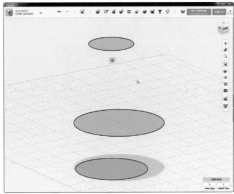

📁 (09\001.123dx)

**7** 계속해서 앞에서 작성한 3개의 원을 순서대로 선택한 뒤, Construct ▶ Loft 명령을 수행하여 비선형 개체를 만듭니다. Loft 명령은 아래 그림과 같이 3개의 원을 단면으로 이용하여 3차원 개체를 만들 수 있습니다.

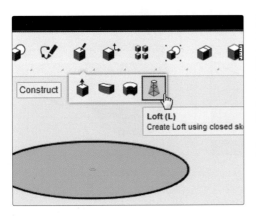 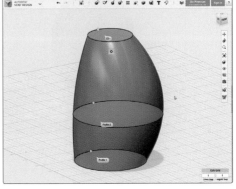

📁 (09\002.123dx)

**8** 내부를 비워 주기 위해서 Modify ▶ Shell 명령을 수행합니다. 나타나는 옵션 창에서 Thickness Inside 값을 1로 하고 윗면을 선택하여 내부를 비웁니다.

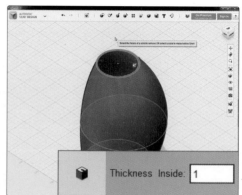

📁 (09\003.123dx)

**9** 아랫부분을 삭제하기 위해서 아래 그림과 같이 적당한 크기(120×120×3)의 육면체 상자를 작성합니다.

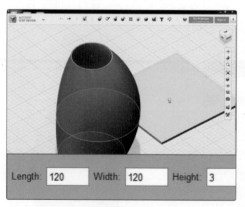
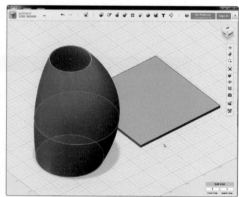

**10** 작성된 육면체 개체를 이용하여 앞에서 작성된 개체의 밑 부분을 삭제하기 위해서 아래 그림과 같이 2개의 개체를 정렬해야 합니다. Align 명령을 이용하면 쉽게 개체를 정렬할 수 있습니다.

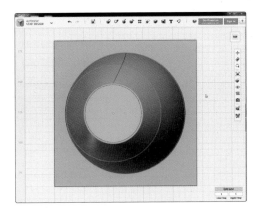
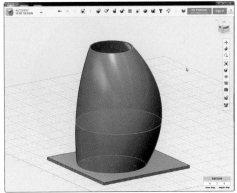

**11** Combine ▶ Subtract 명령을 이용하여 아래 그림과 같이 비선형 개체에서 육면체 개체를 제거하여 하단 부분을 잘라냅니다.

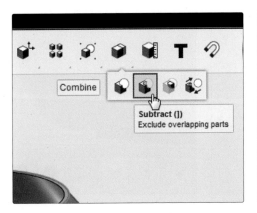
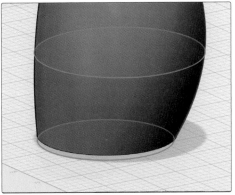

**12** 아래 그림과 같은 결과를 완성한 뒤, Hide Sketches 명령을 수행하여 작성되어 있는 스케치 개체를 잠시 보이지 않도록 설정합니다.

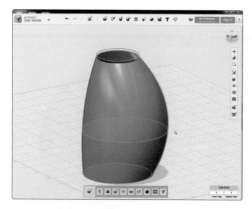 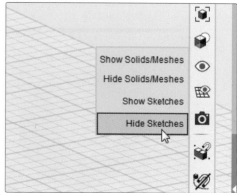

(09\004.123dx)

**13** 완성된 개체만을 보기 좋게 화면에 나타나게 됩니다. 이제 Export Selection 명령을 수행하여 완성된 개체를 STL 포맷의 파일로 저장합니다.

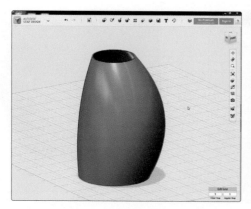 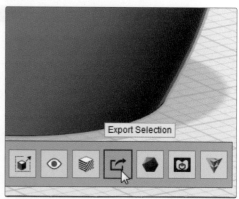

(09\005.stl)

**14** 출력을 위해 Makerbot Print를 실행한 뒤, STL 파일의 슬라이싱(Slicing) 작업을 진행하여 출력을 위한 데이터로 변환합니다.

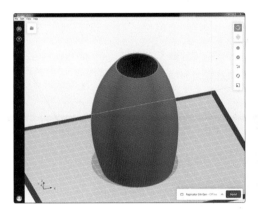 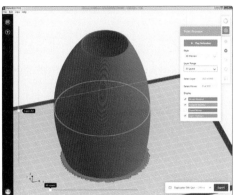

**15** 변환된 데이터를 출력하여 아래 그림과 같은 결과물을 만듭니다.

## 비선형 형태의 펜꽂이 제작

앞에서 수행한 방법으로 아래 그림과 같이 Sketch 명령을 이용하여 기준 개체를 작성한 뒤, Loft, Shell 명령을 이용하여 아래 그림과 같은 펜 케이스를 제작해 봅시다.

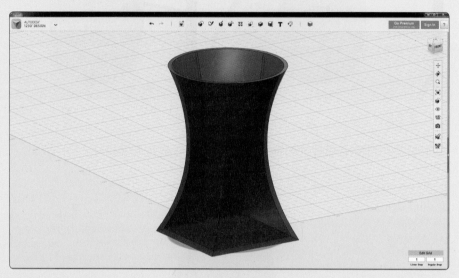

(09\006.123dx, 007.stl)

■ 출력 결과물

■ 작업을 위한 도면 및 치수(Shell 두께: 2mm)

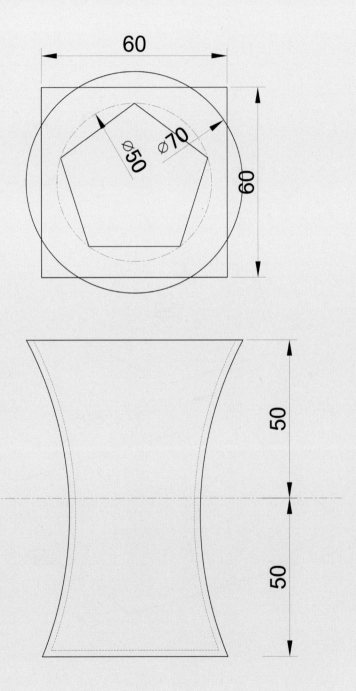

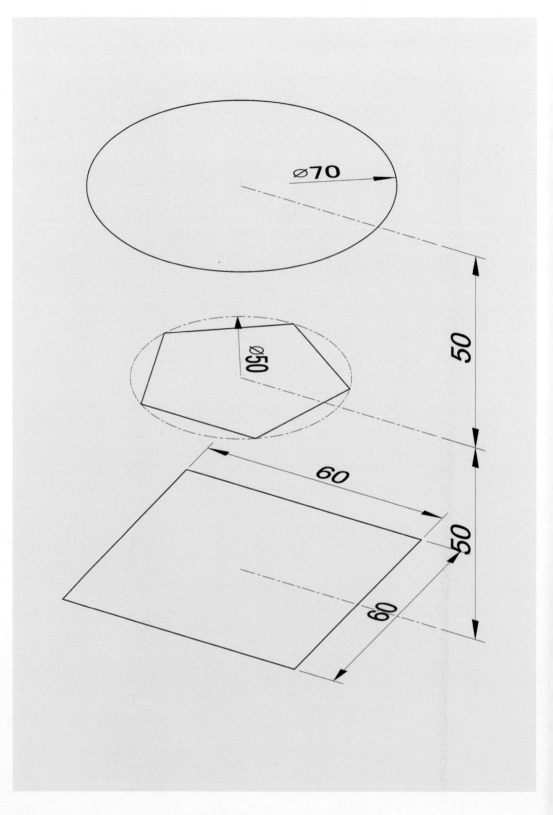

# 비선형 형태의 화분 만들기

이번 예제에서는 지금까지 학습한 명령을 응용하여 아래 그림과 같이 비선형 형태의 화분을
만들어 보겠습니다.

▧ 완성된 비선형 형태의 화분 출력물

[완성된 비선형 형태의 화분 및 활용 결과]

1 우선 아래 도면을 참고하여 비선형 화분 제작을 위한 기준 개체를 작성해 보겠습니다.

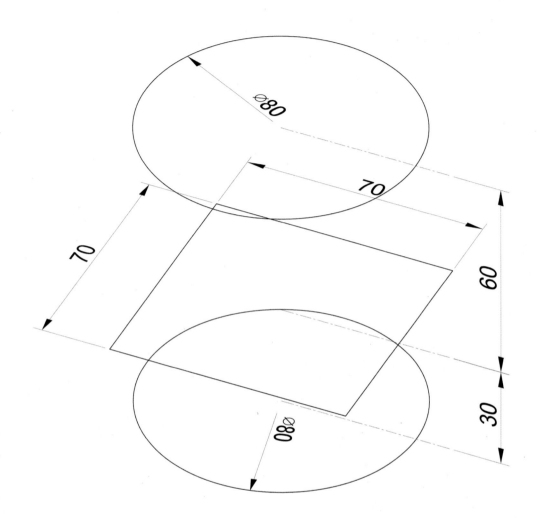

2. 작업 시점을 아래 그림과 같이 TOP 뷰로 설정한 뒤, 시점을 정사영(正射影, Orthographic) 시점으로 설정합니다.

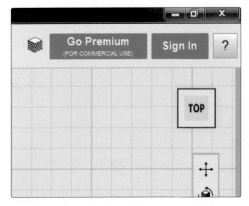 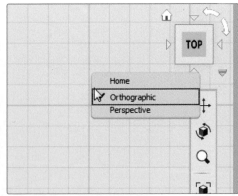

3. 계속해서 Sketch ▶ Sketch Rectangle, Sketch Circle 명령을 이용하여 아래 그림과 같이 70×70mm 크기의 정사각형과 지름(Diameter)이 80mm 크기의 원을 작성합니다.

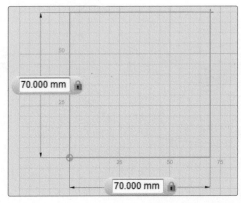 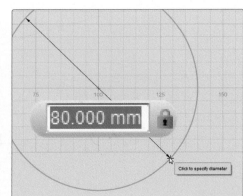

**4** 계속해서 한 번 더 80mm 크기의 원을 추가로 작성합니다. 아래 그림과 같이 3개의 기준 개체가 완성된 모습을 확인합니다.

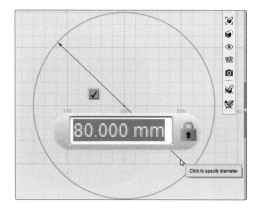 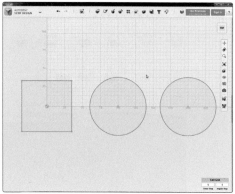

**5** 계속해서 TOP 뷰에서 작성된 개체를 아래 그림과 같이 가운데를 기준으로 정렬합니다. 계속해서 시점을 3차원으로 변경한 뒤, 앞에서 제시된 도면의 치수를 참고하여 3개의 개체 위치를 Z축 방향으로 이동합니다.

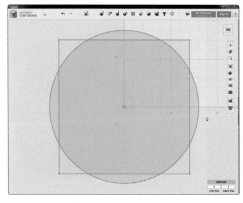 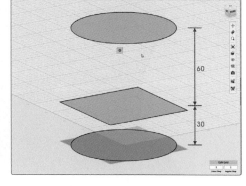

(09\008.123dx)

**6** 계속해서 앞에서 작성한 3개의 개체를 순서대로 선택한 뒤, Construct ▶ Loft 명령을 수행하여 비선형 개체를 만듭니다.

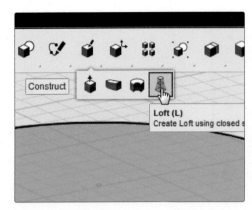
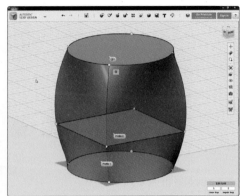

**7** Loft 명령을 수행하고 나면 아래 그림과 같이 각각의 개체마다 조절점이 나타납니다. 이 조절점을 드래그하여 이동하면, 기준점의 위치가 변경되면서 개체의 형태를 변형하고 비틀 수 있습니다. 아래 그림과 같은 형태로 개체를 만듭니다.

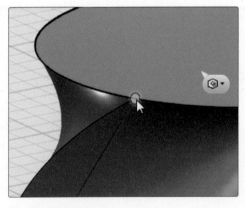
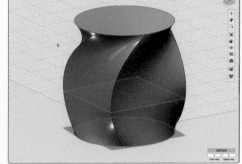

📁 (09\009.123dx)

**8** 계속해서 완성된 개체의 하단 부분의 모서리를 부드럽게 처리해 보겠습니다. Modify ▶ Fillet 명령을 수행한 뒤, 아래 그림과 같이 작성된 개체 하단의 모서리를 선택합니다.

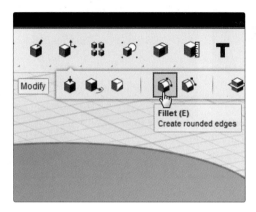
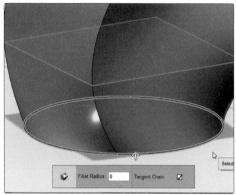

**9** Fillet Radius 값을 10으로 설정하여 하단의 모서리를 부드럽게 처리합니다.

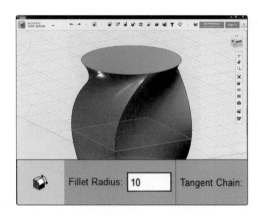
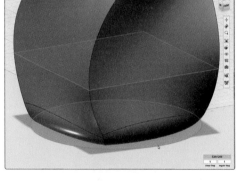

📁 (09\010.123dx)

**10** 이번에는 작성된 개체를 2개의 개체로 분리하기 위해 절단을 위한 기준 개체를 작성해 보겠습니다. Box 명령을 수행하여 30×30×30 크기의 육면체를 만듭니다.

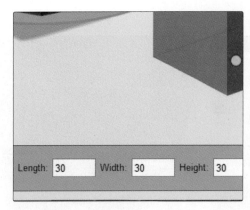
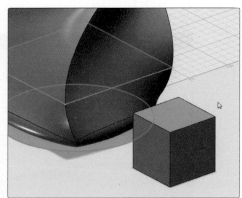

**11** 계속해서 직선을 그리기 위해 Polyline 명령을 수행한 뒤, 아래 그림과 같이 작성될 직선의 그려질 위치를 육면체의 측면으로 지정합니다.

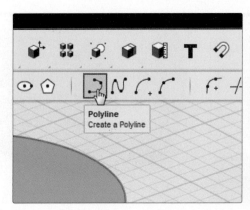
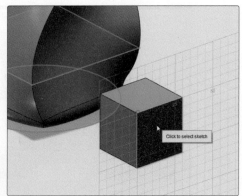

**12** 직선이 그려질 면을 지정한 뒤, 아래 그림과 같이 직선을 그립니다. 그려지는 직선의 크기는 적당한 크기로 그리면 되고, 직선을 그린 뒤 육면체를 삭제합니다.

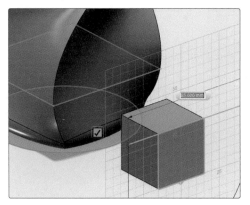 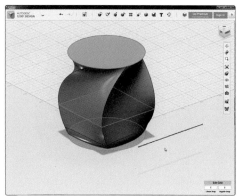

**13** 작성된 직선을 이용하여 개체를 2개의 개체로 분리해 보겠습니다. Modify ▶ Split Solid 명령을 수행한 뒤, Body to Split 옵션을 선택하여 작성된 화분 개체를 선택합니다.

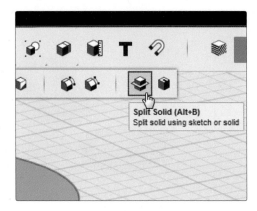 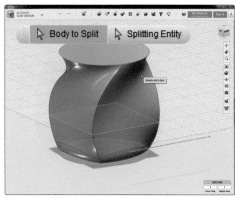

**14** 계속해서 Splitting Entity 옵션을 선택하여 직선 개체를 선택하면 아래 그림과 같이 자르기 위한 가상의 기준 면이 나타납니다.

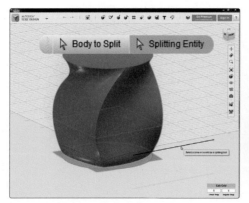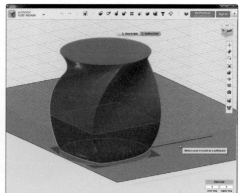

**15** 기준 면 확인을 한 뒤, 작업을 마치면 아래 그림과 같이 하나의 개체가 2개의 개체로 나뉜 것을 확인할 수 있습니다. 다음 작업을 위해 Move 명령을 이용하여 개체를 이동합니다.

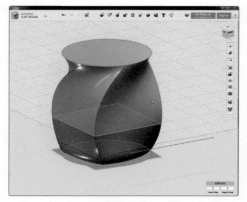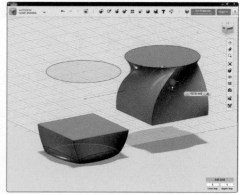

**16** 개체의 이동과 더불어 다음 작업을 위해 회전(180°)도 진행합니다.

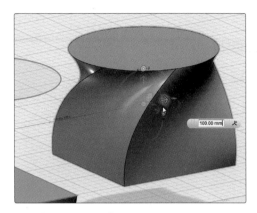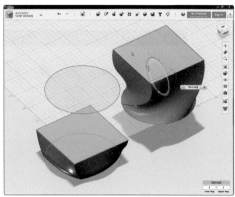

📁 (09\011.123dx)

**17** 고깔 모양을 만들기 위해서 Pyramid 명령을 수행하여 Radius: 40, Height: 20, Sides: 4 크기의 피라미드 모양을 만든 뒤, 개체 상부 면으로 이동합니다.

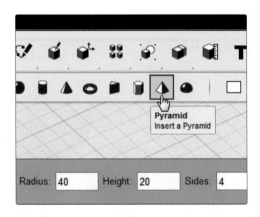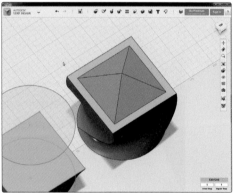

**18** 작성된 개체와 기존 개체를 Align 명령을 이용하여 개체를 아래 그림과 같이 가운데로 정렬합니다.

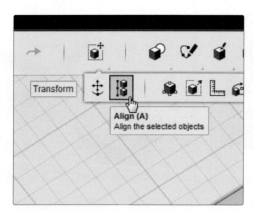

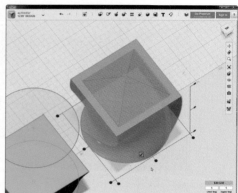

**19** 작업 화면이 스케치 개체와 솔리드 개체가 모두 보이기 때문에 매우 복잡하게 느껴집니다. 아래 그림과 같이 Hide Sketches 명령을 수행하여 스케치 개체를 보이지 않도록 설정합니다.

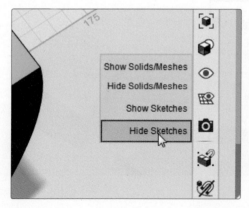

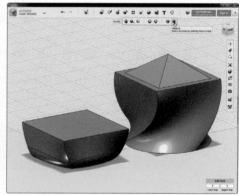

**20** 이번에는 작성된 솔리드 개체의 내부를 비우기 위해서 Shell 명령을 수행합니다. 명령을 수행한 뒤, 개체의 상부 면을 선택하고 Thickness Inside 값을 2로 설정하여 아래 그림과 같이 2mm 두께의 속이 빈 개체를 만듭니다.

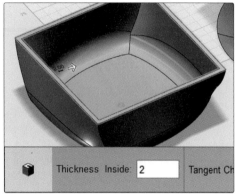

**21** 계속해서 이번에는 Combine ▶ Merge 명령을 이용하여 아래 그림과 같이 2개의 개체를 하나의 개체로 묶습니다.

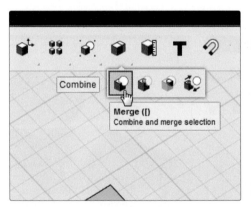
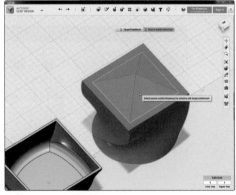

**22** 시점을 아래 그림과 같이 하단에서 바라볼 수 있도록 변경한 뒤, 솔리드 개체의 내부를 비우기 위해서 Shell 명령을 수행합니다. 명령을 수행한 뒤, 개체의 하부 면을 선택하고 Thickness Inside 값을 2로 설정하여 아래 그림과 같이 2mm 두께의 속이 빈 개체를 만듭니다.

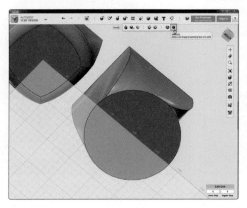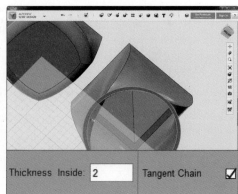

**23** Cylinder 명령을 수행하여 반지름(Radius): 2, 높이(Height): 150 크기의 원기둥을 그립니다.

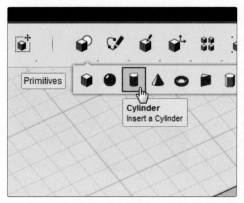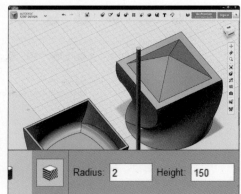

**24** Align 명령을 이용하여 작성된 원기둥과 화분 하부 개체를 선택하여 가운데로
정렬합니다.

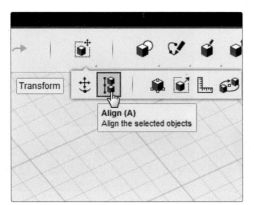
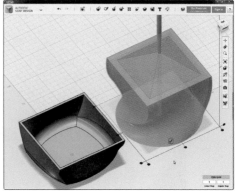

**25** 개체를 정렬한 뒤, Combine ▶ Subtract 명령을 이용하여 화분 하부 개체에서 원기둥
개체를 삭제하여 구멍을 뚫습니다.

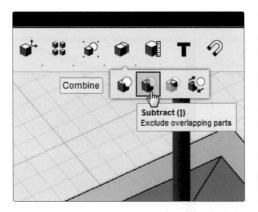
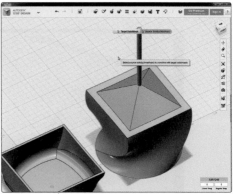

**26** 아래 그림과 같은 결과를 완성한 뒤, 출력을 위해서 Export Selection 명령을 이용하여
각각의 개체를 STL 포맷으로 저장합니다.

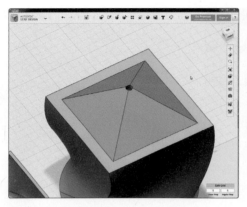

📁 (09\012.123dx)

**27** 출력을 위해 Makerbot Print를 실행한 뒤, STL 파일의 슬라이싱(Slicing) 작업을
진행하여 출력을 위한 데이터로 변환합니다.

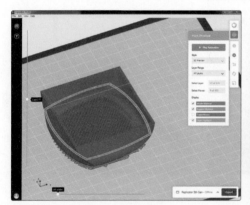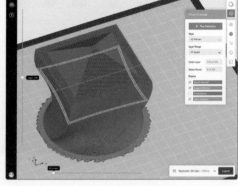

📁 (09\013_1.stl, 013_2.stl)

**28** 아래 그림과 같이 3D 프린팅을 완료한 뒤, 샌딩, 퍼티 등의 작업을 통해 표면을 마감 처리한 뒤, 여러 도장 방법을 이용하여 결과를 완성합니다.

**29** 아래 그림의 경우는 라커 스프레이 및 스톤 스프레이 등을 이용하여 표면을 마감 처리하여 완성된 결과입니다. 이미 설명해 드린 바와 같이 마감 처리 방법은 워낙 다양하기 때문에 인터넷의 다양한 처리 방법을 참고해 주시기 바랍니다.

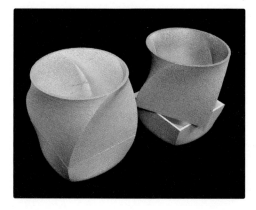

PART
# 10

# 화병 형태의
# 디자인 조명 갓
# 만들기

SECTION   1. 화병 형태의 디자인 조명 갓 만들기

# 화병 형태의 디자인 조명 갓 만들기

이번 예제에서는 지금까지 학습된 123D Design의 여러 명령을 이용하여 아래 그림과 같은 화병 형태의 디자인 조명 갓을 만들어 보겠습니다.

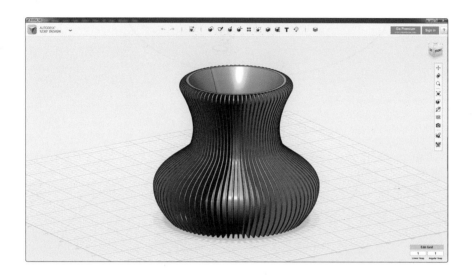

▨ 123D Design의 여러 명령을 이용하여 완성된 화병 형태의 조명 갓 출력물

1  우선 아래 도면을 참고하여 조명 갓 제작을 위한 기준 개체를 작성해 보겠습니다.

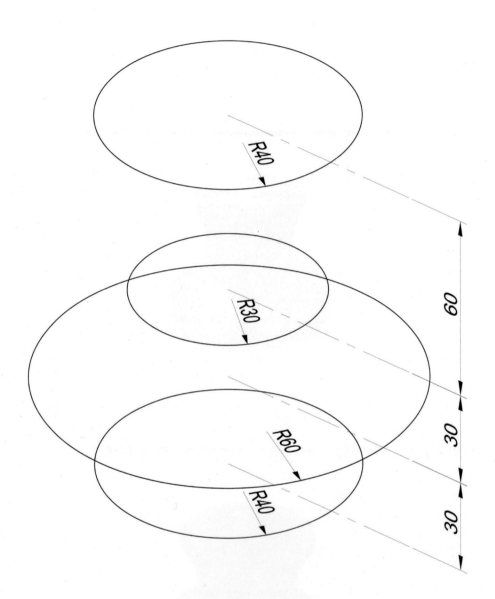

**2** 작업 시점을 아래 그림과 같이 TOP 뷰로 설정한 뒤, Sketch Circle 명령을 이용하여
지름(Diameter) 80mm 크기의 원을 작성합니다.

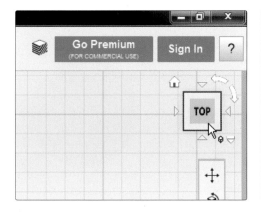 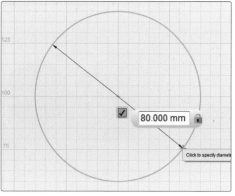

**3** 계속해서 Sketch Circle 명령을 이용하여 아래 그림과 같이 지름(Diameter) 120mm,
60mm, 80mm 크기의 원을 작성합니다.

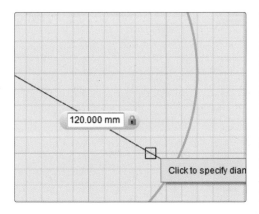 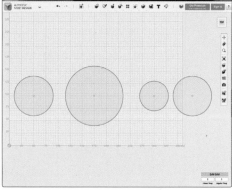

**4** 작성된 4개의 원 개체를 선택한 뒤, Move/Rotate 명령(Ctrl + T)을 이용하여 아래 그림과 같이 중심을 기준으로 위치를 가운데로 정렬합니다.

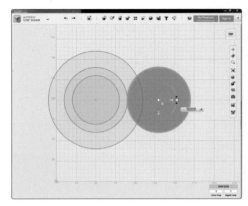 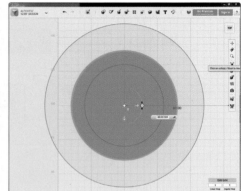

**5** 시점은 아래 그림과 같이 변경한 뒤, 앞에서 제시된 도면을 참고하여 작성된 원형 개체를 +Z축 방향으로 필요한 치수만큼 이동합니다.

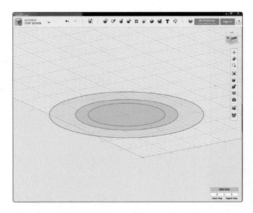 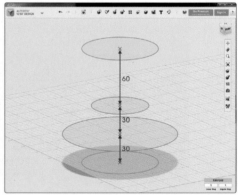

📁 (10\001.123dx)

**6** 계속해서 앞에서 작성한 4개의 원을 순서대로 선택한 뒤, Construct ▶ Loft 명령을 수행하여 비선형 화분 형태의 개체를 만듭니다.

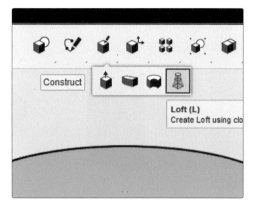
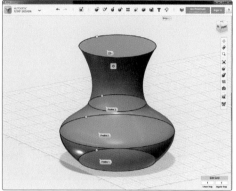

**7** 다음 작업을 위해서 작성된 개체를 복사하여 그림과 같이 적당한 거리를 띄어 이동합니다. 다음 작업을 위해 Box 명령을 수행합니다.

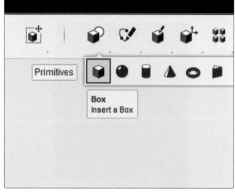

📁 (10\002.123dx)

**8** Box 명령을 수행한 뒤, 육면체 크기를 2×100×150으로 설정하여 적당한 위치에 만듭니다.

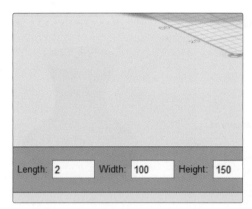 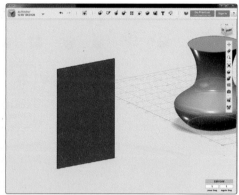

**9** 회전축을 Polyline 명령을 이용하여 작성한 뒤, Move/Rotate 명령을 이용하여 아래 그림과 같이 회전합니다. 크기와 위치는 그림과 비슷하게 적당한 크기와 위치에 배치합니다. 작성된 직선 개체는 다음 작업에서 회전축으로 사용됩니다.

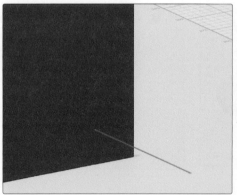 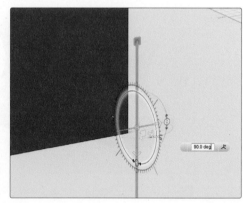

10 회전된 직선 개체를 회전축으로 사용하기 위해서 시점을 TOP으로 설정한 뒤, 아래 그림과 같이 점으로 보이는 직선 축을 회전축으로 사용하기 위한 위치로 이동합니다.

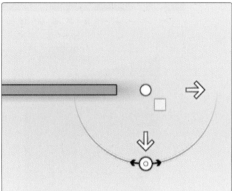

11 이제 회전 배열 복사를 진행하기 위해서 Pattern ▶ Circular Pattern 명령을 수행합니다.

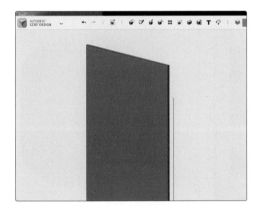
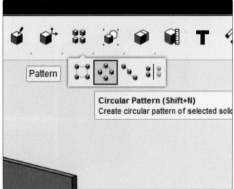

**12** 나타나는 옵션에서 Solid 옵션을 선택한 뒤 육면체 개체를 선택하고, Axis 옵션을 선택한 뒤 직선 축을 선택합니다.

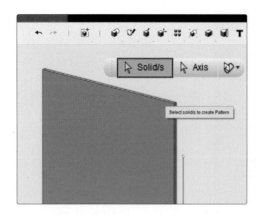 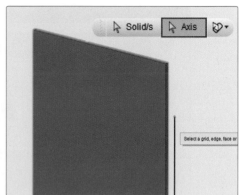

**13** 아래 그림과 같이 회전될 개체의 수를 60개로 설정하여 회전 배열 복사된 다중 개체를 만듭니다.

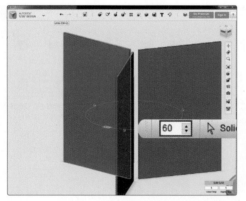 

**14** 이제 다음 작업을 위해 회전 배열된 개체를 Merge 명령을 이용하여 하나의 개체로 만듭니다.

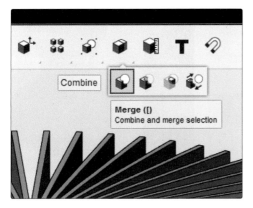 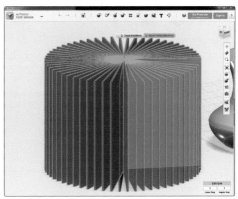

📁 (10\003.123dx)

**15** 다음 작업을 수행하기 전에 Hide Sketches 명령을 수행하여 스케치 개체를 보이지 않게 설정합니다. 작업 화면이 보다 깔끔하게 정리된 모습을 확인할 수 있습니다.

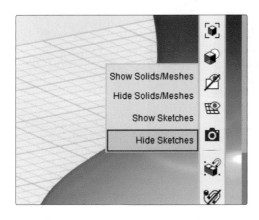 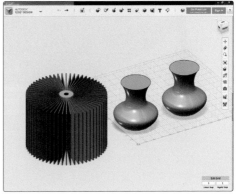

**16** 계속해서 Modify ▶ Shell 명령을 수행한 뒤, 화병 개체의 윗면을 선택합니다.

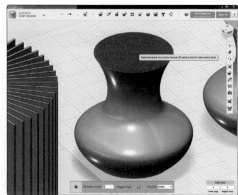

**17** 나타나는 옵션 창에서 Thickness Outside: 5, Direction: Outside 값으로 설정하여
아래 그림과 같은 결과를 만듭니다.

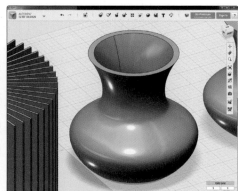

**18** 계속해서 Modify ▶ Shell 명령을 수행한 뒤, 나머지 화분 형태의 개체 윗면을 선택합니다.

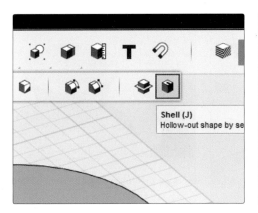
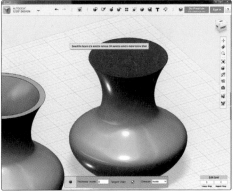

**19** 나타나는 옵션 창에서 Thickness Outside: 12, Direction: Outside 값으로 설정하여 아래 그림과 같은 결과를 만듭니다.

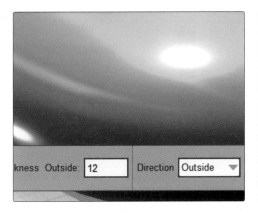
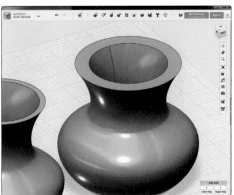

**20** 계속해서 모서리를 부드럽게 처리하기 위해서 Modify ▶ Fillet 명령을 수행한 뒤, 아래 그림과 같이 반지름을 2mm로 설정하여 개체의 위쪽 모서리를 부드럽게 처리합니다.

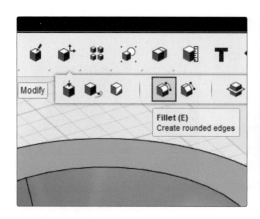 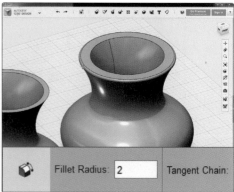

**21** 계속해서 이번에는 200×200×20 크기의 육면체를 작성한 뒤, 아래 그림과 같이 하단 부분을 잘라내기 위해 +Z축 방향으로 이동합니다.

 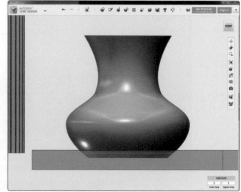

**22** 앞에서 작성된 육면체를 복사한 뒤, 아래 그림과 같이 다른 개체의 하단을 잘라내기 위해 이동, 확인합니다.

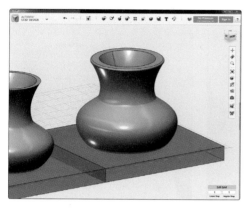

**23** Combine ▶ Subtract 명령을 수행하여 화병 개체에서 육면체 개체를 이용하여 하단 부분을 자릅니다.

**24** 나머지 개체도 동일한 방법으로 하단 부분을 잘라 내어 조명 갓으로 사용하기 위해 하단 부분을 자릅니다.

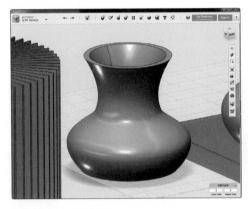 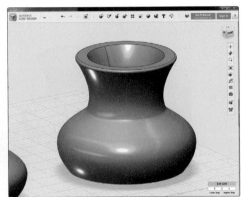

(10\004.123dx)

**25** 다음 작업을 진행하기 위해 아래 그림과 같이 2개의 개체를 선택한 뒤, Align 명령을 이용하여 X, Y축을 기준으로 가운데로 정렬합니다.

**26** 이제 겹쳐 있는 2개의 개체를 Combine ▶ Merge 명령을 수행하여 하나의 개체로 합칩니다.

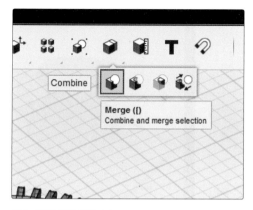 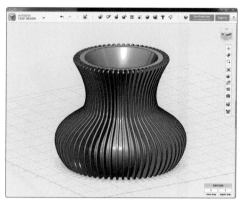

📁 (10\005.123dx)


**27** 아래 그림과 같은 결과를 완성한 뒤, 출력을 위해서 Export Selection 명령을 이용하여 각각의 개체를 STL 포맷으로 저장합니다.

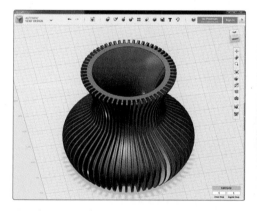 

📁 (10\006.stl)

작성된 데이터는 형태가 매우 복잡하기 때문에 STL 변화의 경우는 사용하던 PC가 거의 멈출 정도로 오랜 시간 동안 변환 작업을 진행합니다. 따라서 모델링 데이터의 STL 변환 및 슬라이싱 작업 중에는 PC가 다운되거나 멈춘 것이 아니기 때문에 잠시 동안 기다린 뒤, 결과를 확인해 보시기 바랍니다.

**28** 출력을 위해 Makerbot Print를 실행한 뒤, STL 파일의 슬라이싱(Slicing) 작업을 진행하여 출력을 위한 데이터로 변환합니다.

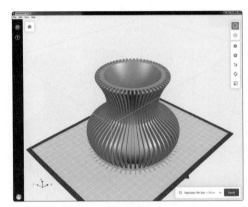 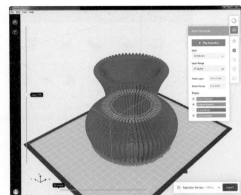

**29** 변환된 데이터를 출력하여 아래와 같은 결과물을 만들 수 있습니다.

# 서포트 제작을 통한 다양한 형상의 출력물 제작

# 서포트 제작을 통한 다양한 형상의 출력물 제작(1)

이번 예제에서는 123D Design를 이용하여 아래 그림과 같은 간단한 형상을 모델링한 뒤,
3D 프린팅 출력을 진행해 보겠습니다.

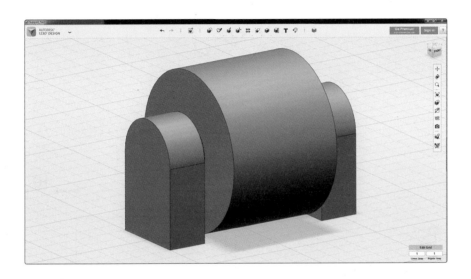

▨ 완성된 3D 프린팅 결과물

**1** 아래 도면을 참고하여 3D 개체를 작성해 보겠습니다.

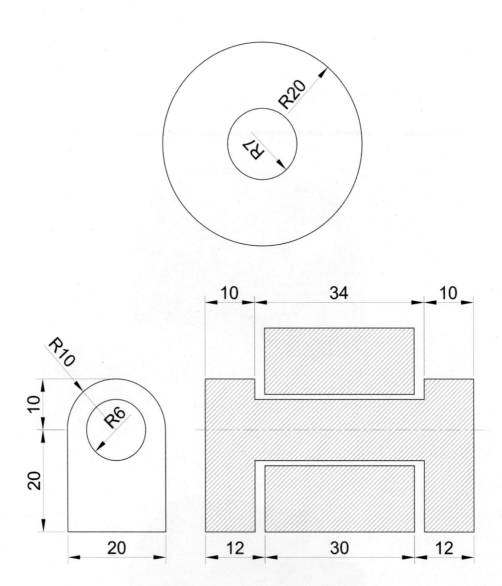

**2** 제시된 도면을 이용하여 모델링 작업을 시작하기 전에 우선 작성해야 할 개체의 구조를 살펴보겠습니다. 도면 및 결과물을 확인해 보면 아래 그림과 같이 2개의 구조체를 제작해야 합니다. 문제는 아래 그림과 같은 모델링의 문제가 아니라 2개의 구조체를 따로 모델링한 뒤, 조립이 불가능하다는 것입니다. 따라서 2개의 개체를 같이 출력해 주어야 하는데, 고가의 산업용 3D 프린터의 경우 서포트와 모델링 출력의 재료를 다르게 함으로써 어떤 형상이든 출력이 가능하지만 보급형 3D 프린터의 경우는 하나의 재료를 이용하여 출력을 진행하기 때문에 내부에 서포트가 출력될 경우, 이것을 제거하는 것이 매우 힘들고 불편합니다. 그렇다면 아래 그림과 같은 형상을 한번에 출력하면서도 쉽게 제작할 수 있는 방법을 고민해 보아야 합니다.

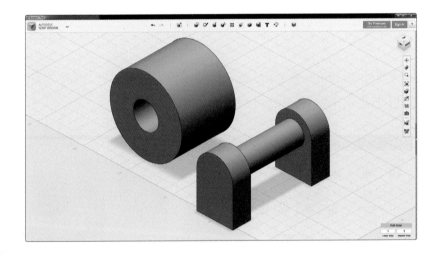

**3** 우선 아래 그림에서 제시된 도면의 치수를 이용하여 모델링을 수행해 보겠습니다. Primitives ▶ Cylinder 명령을 이용하여 반지름: 20mm, 7mm, 높이: 30mm 크기의 원기둥을 제작해 줍니다.

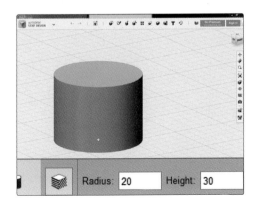 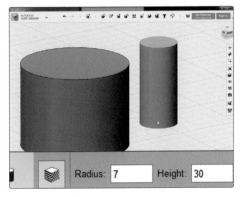

**4** 작성된 2개의 원기둥 개체를 선택한 뒤, Align 명령을 이용하여 아래 그림과 같이 중심을 기준으로 가운데 정렬합니다.

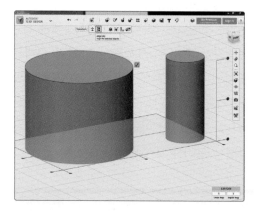 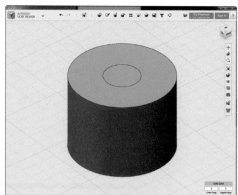

**5** 계속해서 Combine ▶ Subtract 명령을 이용하여 작성된 2개의 개체를 이용하여 아래 그림과 같이 가운데에 구멍이 나도록 편집합니다.

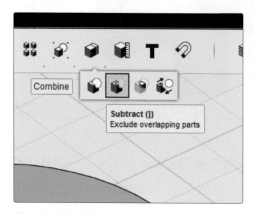 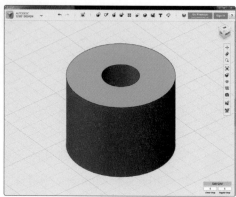

📁 (11\001.123dx)

**6** 이번에는 양쪽에 위치하고 있는 지지대와 가운데 축 모델링을 진행해 보도록 하겠습니다. 먼지 시점을 TOP으로 설정한 뒤, 20×20mm 크기의 정사각형을 작성합니다. 이후 작업 평면을 앞에서 작성된 사각형으로 지정한 뒤, 반지름 20mm 크기의 원을 그립니다.

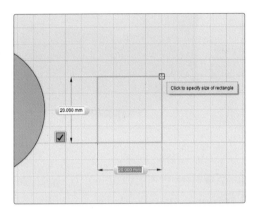
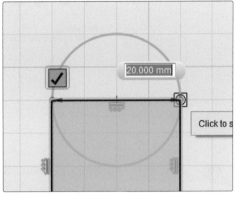

**7** 계속해서 Trim 명령을 이용하여 아래 그림과 같은 모양이 만들어 지도록 불필요한 부분을 잘라 냅니다.

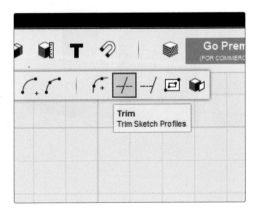
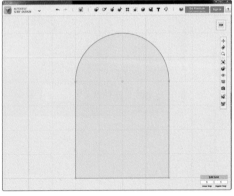

**8** 작성된 기준 개체에 Extrude 명령을 수행하여 높이: 10mm으로 모델링합니다.

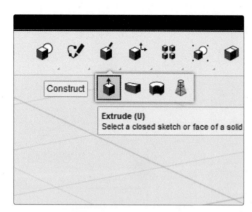 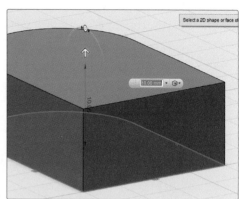

**9** 계속해서 이번에는 Cylinder 명령을 수행하여 반지름(Radius): 6, 높이(Height): 34 크기의 원기둥을 참고 도면과 아래 그림과 같이 작성합니다.

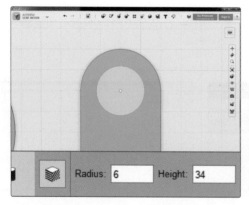 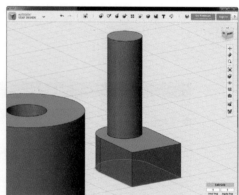

**10** 계속해서 아랫부분에 작성된 개체를 그림과 복사한 뒤, 이동시켜 배치합니다.

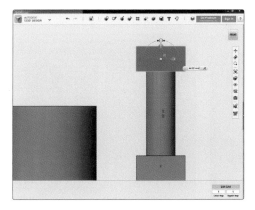 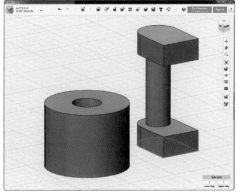

**11** Combine ▶ Merge 명령을 이용하여 아래 그림과 같이 작성된 3개의 개체를 하나의 개체로 합칩니다.

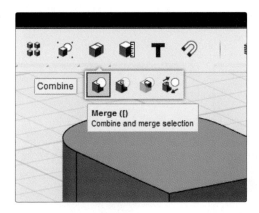 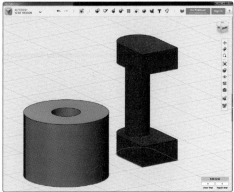

**12** 다음 작업을 쉽게 진행하기 위해서 Hide Sketches 명령을 수행하여 스케치 개체를 보이지 않게 설정한 뒤, 원통 개체를 투명한 재질로 설정합니다.

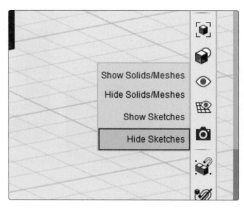 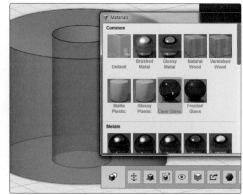

📁 (11\002.123dx)

**13** 이제 작성된 2개의 개체를 이동, 회전, 정렬 명령을 이용하여 원통 개체가 지지대의 축 가운데 위치할 수 있도록 이동합니다.

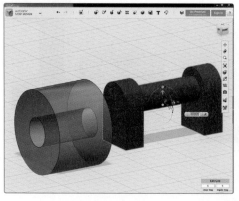 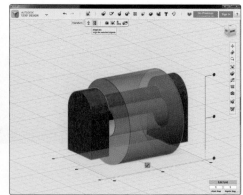

**14** 마지막으로 Left 뷰에서 그림과 같이 원통 개체가 축에 가운데 위치하고 있는지 최종적으로 확인합니다.

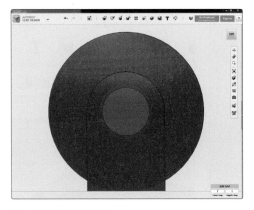 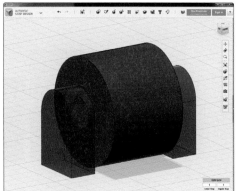

📁 (11\003.123dx)

**15** 제시된 도면을 살펴보면 앞에서 작성된 모델링 작업 이외에 더 필요한 작업이 없다고 생각됩니다. 물론 슬라이싱 소프트웨어에서 별도의 서포트를 작성할 수 있지만 문제는 개체 내부에 발생되는 서포트의 경우 제거가 거의 불가능하기 때문에 서포트의 작성을 해도 문제가 되고, 하지 않을 경우에는 출력 결과물의 완성도를 보장할 수 없게 됩니다. 이러한 경우를 위해 일부러 서포트의 역할을 할 수 있는 얇은 개체를 추가로 제작해 보겠습니다. Box 명령을 이용하여 0.2×30×20mm 크기의 개체를 작성한 뒤, 아래 그림과 같이 위치하도록 이동합니다.

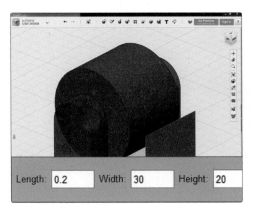 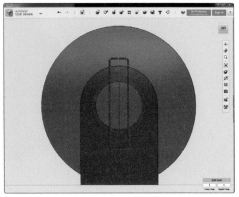

**16** 마지막으로 Front(정면) 뷰에서 보았을 때 아래 그림과 같이 위치하도록 설정한 뒤, Combine ▶ Merge 명령을 수행하여 작성된 모든 개체를 하나의 개체로 합칩니다.

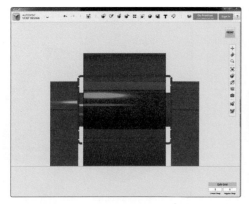 

**17** 아래 그림과 같은 결과를 만듭니다. 중요한 점은 지지 개체를 별도로 제작하였기 때문에 출력은 되지만 출력 후 회전은 되지 않는다는 것입니다. 그러나 아주 얇은 두께로 제작하였기 때문에 출력 후 작성된 지지 개체를 부러지게 하여 결과물을 완성할 수 있습니다.

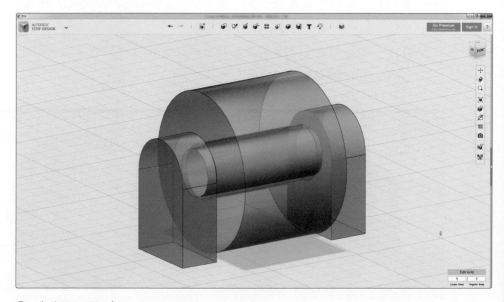

📁 (11\004.123dx)

**18** 출력을 위해 Makerbot Print를 실행한 뒤, STL 파일의 슬라이싱(Slicing) 작업을 진행하여 출력을 위한 데이터로 변환합니다. 이번에도 중요한 점은 서포트(Support) 옵션을 설정하지 않고 슬라이싱 작업을 진행해야 한다는 점입니다.

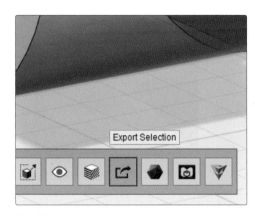 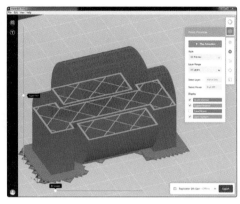

📁 (11\005.stl)

**19** 변환된 데이터를 이용하여 출력하여 결과물을 만듭니다.

**20** 아래 그림과 같이 출력을 진행한 뒤, 원통형 출력물을 회전하여 지지대를 부러지게 함으로써 축과 함께 회전되는 개체를 만들 수 있습니다.

 3D 프린터의 종류는 매우 다양할 뿐만 아니라 출력 방식 및 후 가공 방법도 여러 방법이 있습니다. 다만 여러분들께서 일반적으로 접하실 수 있는 3D 프린터는 교재에서 언급하고 있는 ABS 또는 PLA 재료를 이용한 FDM 방식의 3D프린터입니다. 일부 고가의 산업용 3D 프린터 중에는 서포트와 출력물의 재료를 다르게 함으로써 출력 후 서포트를 쉽게 제거할 수 있게끔 출력 결과를 만듭니다. 이러한 경우 아래 그림과 같이 출력을 위해 필요한 서포트가 자동으로 생성되지만 서포트의 제거 방법이 워낙 쉽기 때문에 원하는 결과물을 쉽게 제작할 수 있습니다.

 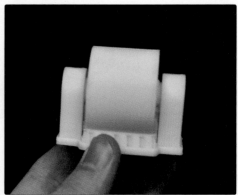

[Stratasys uPrint SE를 이용하여 출력한 결과물]

# 서포트 제작을 통한 다양한 형상의 출력물 제작(2)

이번 예제에서는 앞에서 제작한 방법을 응용하여 아래 그림과 같은 형태의 로봇 상부 모델링을 해 보겠습니다.

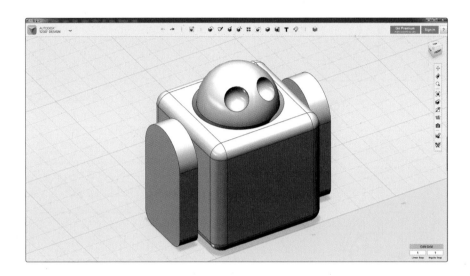

▨ 완성된 출력물

1 우선 아래 도면을 참고하여 로봇 상부 모델링을 위한 기준 개체를 작성해 보겠습니다.

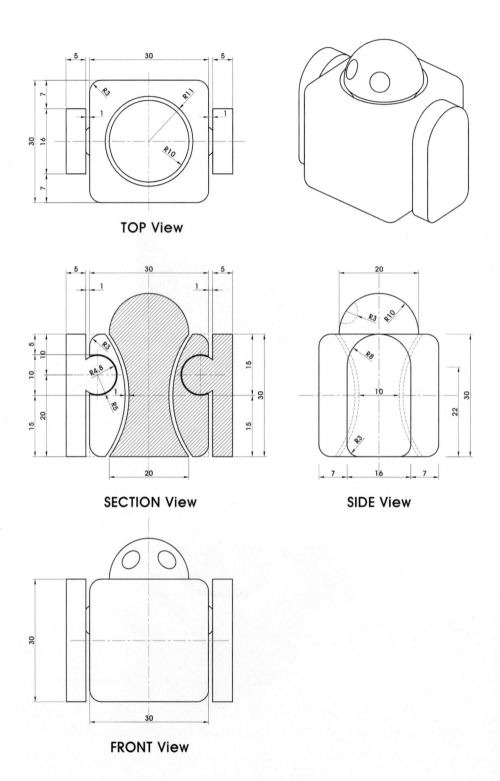

**TOP View**

**SECTION View**

**SIDE View**

**FRONT View**

**2** 도면의 치수를 바탕으로 모델링 작업을 진행해 보겠습니다. Box 명령을 이용하여 30×30×30 크기의 육면체를 만듭니다. 계속해서 Fillet 명령을 이용하여 반지름: 3으로 모서리를 부드럽게 처리합니다.

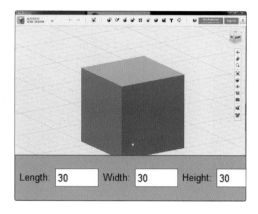 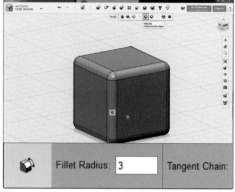

**3** 주어진 치수를 참조하여 내부 구멍을 만들기 위한 기준 개체를 작성한 뒤, Loft 명령을 이용하여 모델링을 완성합니다.

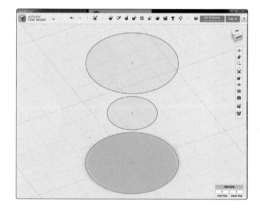 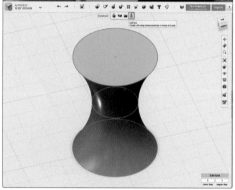

**4** 작성된 개체를 아래 그림과 같이 가운데 정렬한 뒤, Combine ▶ Subtract 명령을 이용하여 가운데 구멍을 만듭니다.

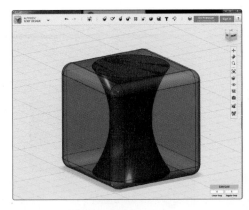 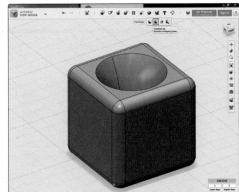

**5** 이번에는 머리 형태의 모델링을 진행해 보겠습니다. 주어진 치수와 Loft 명령을 이용하여 곡면 형태의 머리 하부 지지 개체를 만듭니다. 계속해서 Hemisphere 명령을 이용하여 반지름(Radius): 10 크기의 반원을 아래 그림과 같은 위치에 만듭니다.

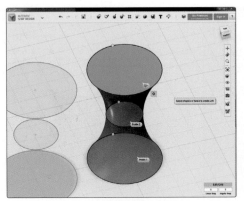 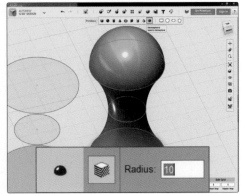

**6** Combine ▶ Merge 명령을 이용하여 완성된 2개의 개체를 하나의 개체로 합친 뒤, 아래 그림과 같이 앞에서 작성된 개체의 가운데로 정렬합니다.

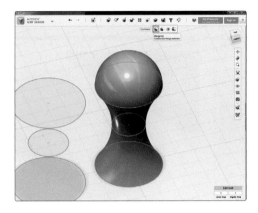 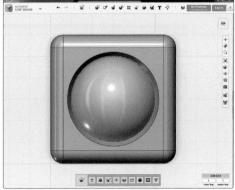

**7** 완성된 머리 개체에 눈 형태를 만들기 위한 구(Sphere) 형태를 작성한 뒤, Subtract 명령을 이용하여 아래 그림과 같은 결과를 만듭니다.

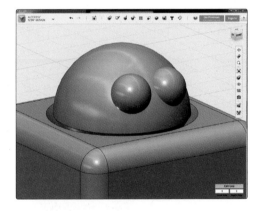 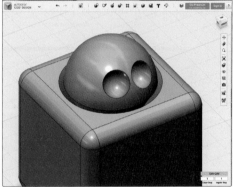

**8** 계속해서 이번에는 팔 개체를 만들어 보겠습니다. 팔 개체를 만들기 위해 Rectangle, Circle, Trim 명령을 이용하여 2D 기준 개체를 작성한 뒤, Extrude, Fillet 명령을 이용하여 아래 그림과 같은 팔 개체를 만듭니다.

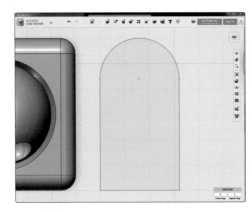 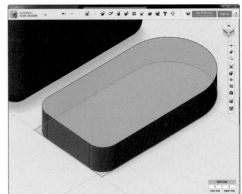

**9** 작성된 팔 개체를 아래 그림과 같이 이동, 회전, 복사합니다. 계속해서 이번에는 도면의 치수를 참고하여 다른 크기(반지름: 4.8 mm, 5 mm)의 2개 구를 작성한 뒤, 다음 작업을 위해 투명 색상으로 변경하고 가운데로 정렬합니다.

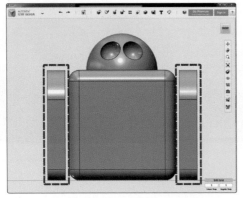 

**10** 작성된 2개의 구 개체를 아래 그림과 비슷한 위치로 이동시킵니다.

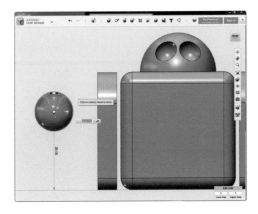 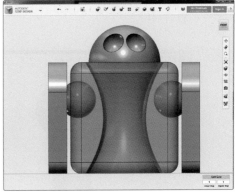

**11** 이제 Combine ▶ Merge, Subtract 명령을 이용하여 필요한 구멍과 축 개체를 만들어 결과를 완성합니다.

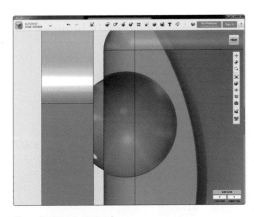 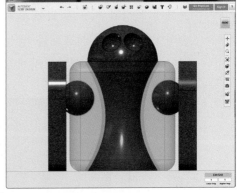

📁 (11\006.123dx)

**12** 이제 완성된 결과를 출력하기 전에 서포트의 생성 여부에 대한 분석을 진행해 보겠습니다. 우선 몸체와 머리 개체의 경우는 서포트 없이 출력하는 데 전혀 문제가 없습니다.

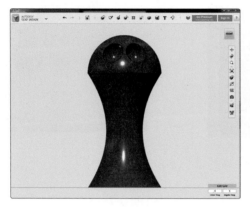 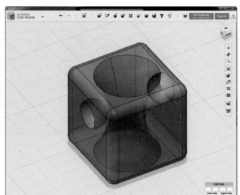

**13** 그러나 아래 그림과 같이 구멍 부분과 팔의 회전축을 위한 구 개체의 출력은 슬라이싱 툴에서 생성된 서포트 없이 출력하기 위해서는 임의의 서포트가 필요합니다. 만약 슬라이싱 툴에서 서포트를 생성할 경우, 필요 이상의 서포트가 발생되어 출력 후 서포트 제거가 거의 불가능하게 됩니다.

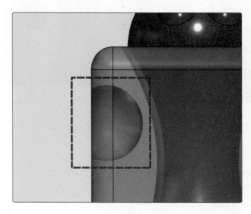 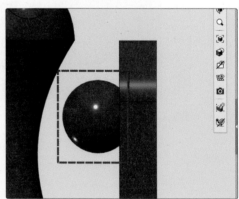

**14** 이러한 문제를 해결하기 위해서 의도적인 서포트를 만들어 보겠습니다. 아래 그림과 같이 앞에서 진행한 동일한 방법으로 아주 얇은 판 형태의 개체를 작성한 뒤, 그림과 같이 이동, 복사합니다.

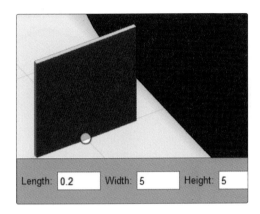 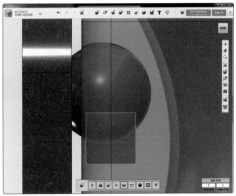

**15** 마지막으로 Combine▶Merge 명령을 수행하여 작성된 모든 개체를 하나의 개체로 합칩니다.

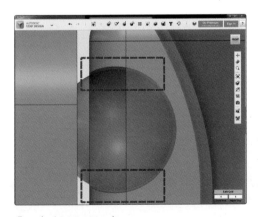 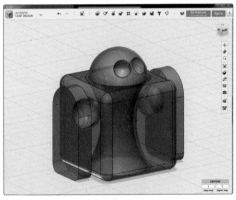

📁 (11\007.123dx)

 앞에서 설명된 바와 같이 지지 개체를 별도로 제작하였기 때문에 출력은 진행되지만 출력 후 회전되지 않습니다. 그러나 아주 얇은 두께로 제작하였기 때문에 출력 후 작성된 지지 개체를 부러트려 회전 가능한 결과물을 완성할 수 있습니다.

**16** 출력을 위해 Makerbot Print를 실행한 뒤, STL 파일의 슬라이싱(Slicing) 작업을 진행하여 출력을 위한 데이터로 변환합니다. 이번에도 중요한 점은 서포트(Support) 옵션을 설정하지 않고 슬라이싱 작업을 진행해 주어야 한다는 점입니다.

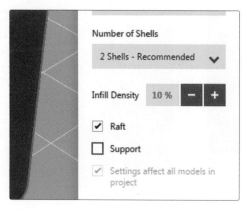
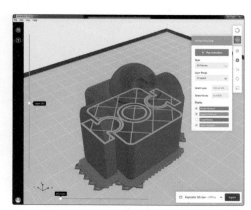

📁 (11\008.stl)

**17** 변환된 데이터를 이용하여 출력하여 결과물을 만듭니다.

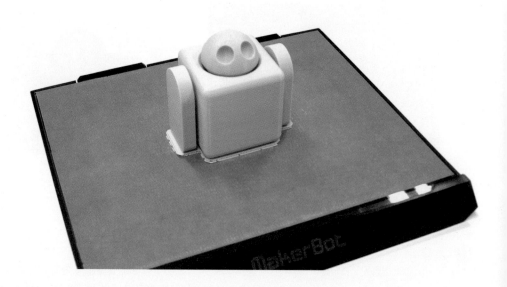

**18** 아래 그림과 같이 출력을 진행한 뒤, 팔 개체를 회전시켜 지지대를 부러트림으로써 축과 함께 회전하는 로봇 형태의 결과물을 만들 수 있습니다.

 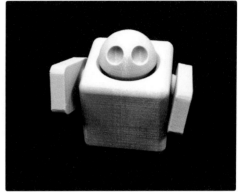

**19** 최종 완성된 출력물

123D Design/Makerbot을 활용한
# 3D 프린팅

정가 | 14,000원

지은이 | 이 혁 준
펴낸이 | 차 승 녀
펴낸곳 | 도서출판 건기원

2017년   3월   23일   제1판 제1인쇄
2017년   3월   30일   제1판 제1발행

주소 | 경기도 파주시 산남로 141번길 59 (산남동 93-5)
전화 | (02)2662-1874~5
팩스 | (02)2665-8281
등록 | 제11-162호, 1998. 11. 24

ISBN 979-11-5767-233-2   13560